지적 호기심을 위한
뇌과학 만화

지적 호기심을 위한 뇌과학 만화

지은이 이즐라
펴낸이 임상진
펴낸곳 (주)넥서스

초판 1쇄 발행 2023년 12월 5일
초판 2쇄 발행 2023년 12월 10일

출판신고 1992년 4월 3일 제311-2002-2호
주소 10880 경기도 파주시 지목로 5 (신촌동)
전화 (02)330-5500 팩스 (02)330-5555

ISBN 979-11-6683-660-2 03400

저자와 출판사의 허락 없이 내용의 일부를
인용하거나 발췌하는 것을 금합니다.

가격은 뒤표지에 있습니다.
잘못 만들어진 책은 구입처에서 바꾸어 드립니다.

www.nexusbook.com

지적 호기심을 위한
뇌과학 만화

이즐라 지음

Qrious

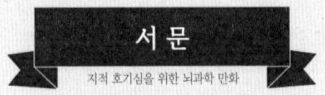

서 문
지적 호기심을 위한 뇌과학 만화

매도 먼저 맞는 게 낫다던가. 첫 페이지부터 고백하건대,
이 만화는 독자를 위해서가 아니라 나를 위해 그렸다.
타인에게 설명하는 과정을 통해 그동안 긁어모았던 뇌과학 지식을
내 머릿속에 더 단단히 가둬두고 싶었다.

기본적으로 모든 창작의 일차적 목표는 자기만족이라고 생각하니까.

창작이 무에서 유를 창조하는 것이 아니라
기존의 무언가를 새롭게 편집하는 것이라는 관점에서 보면
이 만화도 넓은 의미에서 창작이라고 볼 수 있을 것이다.

나는 전문 연구자도 아니고,
뇌과학을 전공한 것도 아니다.
그만큼 깊이가 부족하다.
하지만 뒤집어서 생각하면 그만큼 쉽다는 이야기도 된다.

이 책의 목표는 뇌의 복잡한 해부학적 명칭과
섬세한 기능을 교과서처럼 일일이 소개하는 것이 아니다.
(그런 책을 기대했다면 이 책보다 더 두껍고, 더 훌륭하고,
더 유명한 책을 찾아 읽을 것을 권한다.)

이 만화는 뇌과학을 처음 읽는 비전공자들에게
'뇌과학이 이렇게 신기하고 재밌어!'라고 흥미를 부추기는 바람잡이이며,
세상에서 가장 얄팍하고 부담 없는 뇌과학서를 지향한다.

이 책을 통해 뇌과학 초보인 당신과 뇌과학의 거리가
한 뼘이라도 가까워질 수 있다면
더 바랄 나위 없을 것 같다.

하나의 욕망이 완결되면
새로운 욕망을 시작하는 것이 우리의 뇌다.
뇌는 욕심이 많다. 나도 욕심이 많다.
사실 나는 바라는 게 많다.

나는 당신이 이쯤에서 이 책을 집어 던지지 말고
다음 페이지를 넘겨 읽기를 바란다.
보통 서문은 책에서 가장 지루한 부분이다.
다음 페이지부터는 훨씬 재밌다. 정말이다.

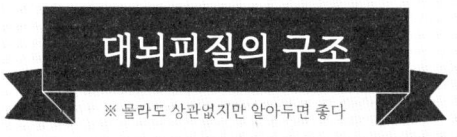

대뇌피질의 구조
※ 몰라도 상관없지만 알아두면 좋다

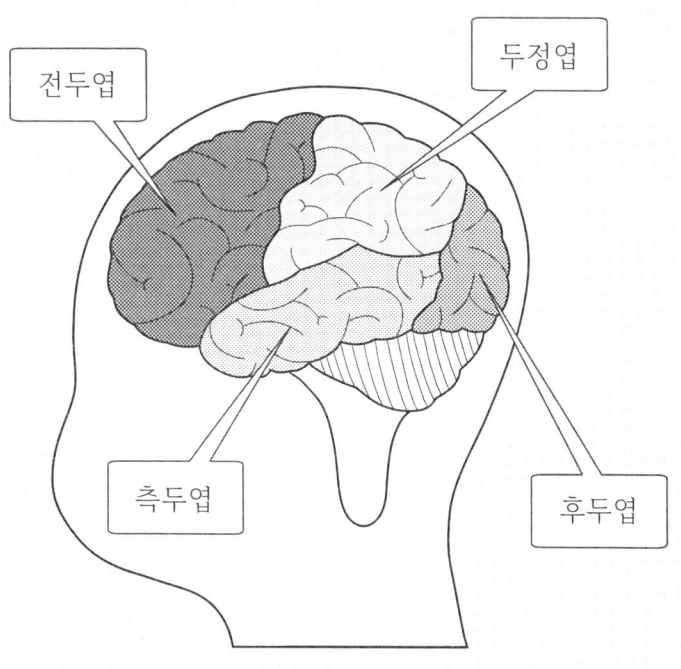

전두엽 / 두정엽 / 측두엽 / 후두엽

차례

서문   4

01 **프롤로그** ◆ 뇌를 알면 나를 알까?   13

02 **뇌에 대한 오해** ◆ 알아두면 쓸데 있는 뇌과학 상식   27

03 **시작** ◆ 아무튼 첫걸음이 중요하다   41

04 **청소년** ◆ 잃어버린 중2병의 미스터리를 찾아서   55

05 **가소성** ◆ 나를 키운 건 팔할이 가소성이었다   69

06 **학습** ◆ 인간은 학습하도록 선고받았다   83

07 **언어** ◆ 7교시 언어 영역   95

08 **기억 I** ◆ 기억나니?   109

09 **기억 II** ◆ 내가 만약 기억이라면   123

10 **시각** ◆ 우리는 같은 세상에 살고 있을까   135

11 **자유의지** ◆ 내 삶의 진짜 주인은 누구일까   149

12 **통증** ◆ 인생의 아이러니   163

13	**감정** ◆ 多感, 하소서	177
14	**창의력** ◆ 나도 창의적인 사람이 될 수 있을까	191
15	**수면** ◆ 안녕히 주무세요	205
16	**운동** ◆ Move! Move! Move!	219
17	**노화** ◆ 슬기로운 노년 생활	233
18	**에필로그** ◆ 나, 너 그리고 우리	247

작가의 말	260
주석	263
참고문헌	270

프롤로그

뇌를 알면 나를 알까?

01

먼 옛날 고대 그리스 델포이 신전 입구에는
이런 문구가 새겨져 있었다.
"너 자신을 알라."

모든 문제의 해답이 계시처럼 내려지던 장소에
'너 자신을 알라.'라는 글귀가 있었던 이유는 무엇일까?

〈손자병법〉에서는 적을 알고 나를 알면 백 번 싸워도 위태롭지 않다고 했다.
또한 19세기 독일 철학자 니체는 자신을 알지 못하면서
상대를 알기란 불가능하다고 했다.

그렇다면 나는 누구일까? 아니 나는 뭘까?
나는 나를 소개하고 설명하는 데 종종 이질감을 느낀다.
이름이나 직업으로 자신을 요약하는 것은 편리하지만,
그것은 개성 없는 포장지에 불과할 뿐
진짜 나에 대한 핵심은 아닌 것 같기 때문이다.

17세기 프랑스 철학자 데카르트는
인간 존재의 핵심을 정신이라고 생각했다.
그는 정신과 신체의 역할을 구분하며
정신의 작용을 근거로 자신의 존재를 확신했다.
그래서 이런 말을 남겼다.

데카르트의 말처럼 정신은 육체를 통제하는 독립적인 무엇일까?
그렇다면 신체와 따로 기능하는 정신이야말로 자아의 핵심일까?

얼추 200년 전 피니어스 게이지Phineas Gage라는 평범한 남자가 살았다.
철도 공사 노동자였던 그는 쾌활하고 믿음직스러웠으며,
협동심이 강한 사람이었다.

그는 1848년 미국 버몬트주의
철도 공사 현장에서 무시무시한 사고를 당했다.
다이너마이트 폭발로 날아간 쇠막대가
그의 두개골을 뚫고 지나간 것이다.

당시 모두 게이지가 죽을 것이라 생각했지만, 그는 기적처럼 살아남았다.
비록 왼쪽 눈은 잃었지만, 다시 일할 수 있을 만큼 건강을 회복했다.

그렇지만 그는 사고를 당하기 전 사람 좋고 착실한 게이지가 아니었다.
사고 이후의 게이지는 논리적인 사고나
무언가를 예측하는 능력이 크게 떨어진 것처럼 보이기도 했으며,
무책임할 뿐 아니라 걸핏하면 비속어를 남발하는 사람으로 돌변했다.

심심치 않게 여자에게
추근거리는가 하면,
정신병적 기질까지
보였다는 기록도 있다.

당시 그의 동료들은 게이지가 완전히 다른 사람이 되었다고 증언했으며,
게이지를 담당했던 의사 존 할로우John Harlow 역시
그의 성격이 급격하게 변했다고 기록했다.

1860년에 게이지가 사망하자, 뇌과학자들은 그의 두개골을 분석했고,
'전두엽'이라는 뇌의 부위가 손상되었음을 밝혀냈다.

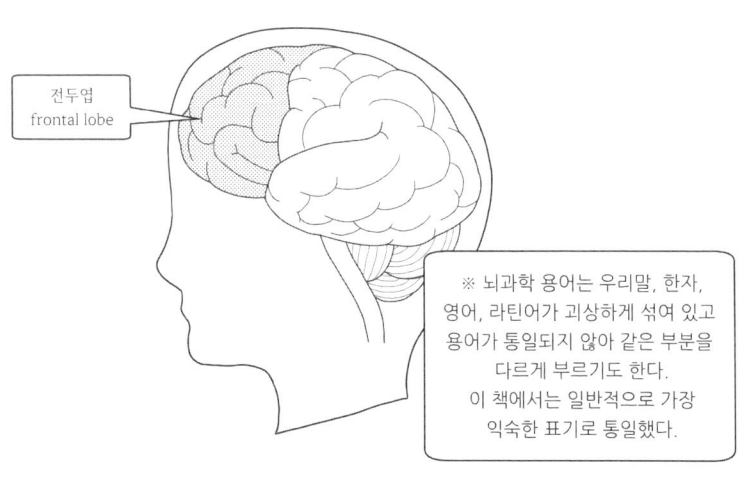

피니어스 게이지의 끔찍한 사건은 뇌의 물리적 손상이
성격과 행동에 영향을 준다는 최초의 증거가 되었고,
나아가 뇌과학자들로 하여금 이런 생각을 떠올리게 했다.

※ 그래서 게이지를 현대적 뇌과학의 시초로 여기기도 한다.

나는 누구인가? 아니 나는 무엇인가?
이 철학적 난제를 두고 뇌과학이 내리는 신탁은 단순하다.

많은 뇌과학자들은 그렇다고 생각한다.
뇌과학은 인간의 모든 정신과 마음 작용을
물리적인 뇌가 수행하는 기능으로 파악한다.
나는 뇌가 수행하는 신비롭고 이상한 과정들의 총체라는 것이다.

▲ 신경과학자. 2000년 노벨 생리의학상 수상.

요컨대 성인 주먹 두 개만 한 크기에 덜 익은 순대처럼 생긴
1.4kg의 미끌미끌한 덩어리가 나라는 존재의 거의 모든 것인 셈이다.

그렇기 때문에 21세기 현대 뇌과학자들은
데카르트의 명제를 이렇게 뒤집는다.

인간은 묘한 존재다.
모든 생명체 중에서 인간만큼 자아정체성을 의식하고
자기 자신을 알려고 애쓰는 종은 없다.

어느 뇌과학자는 자신의 저서에 이렇게 적었다.
"인간의 뇌는 끝없이 자신의 정체성을 질문한다.
자신이 누구이고 무엇을 할 수 있는지 예측할 수 있어야
최적화된 행동과 선택을 할 수 있기 때문이다."[3]

또 다른 뇌과학자는 이렇게 주장한다.
"나의 사고 과정에 관한 상대방의 사고 과정을 예측하고자 하면
어쩔 수 없이 나의 사고 과정에 대한 이해가 생기는 것이다.
따라서 인간이 스스로에 대해 이해할 수 있는 능력을 갖게 된 것은
사회적 활동이 요구되는 상황에서 뇌가 진화한 것에 따른
부수적인 결과라고 봐야 할 것이다."[4]

최초의 생명체는 뇌가 필요하지 않았다.
하지만 길고 우연한 진화 과정을 거치면서
더 크고 정교한 생명체가 등장하기 시작했고,
복잡해진 신체의 체계를 운영하기 위해
신경세포가 머리에 집중되면서 뇌라는 기관이 등장했다.

뇌는 경험하고, 감정을 느끼고, 이해하기 위해 존재하는 것이 아니다.
우리의 모든 정신적 활동은 생존과 번식을 위해
뇌가 신체를 관리하는 과정에서 발생한 보조적 결과물이다.

뇌를 알고 나를 알면 좀 더 괜찮은 인생을 살 수 있을까?
뇌를 잘 이해하게 되면 삶에 대한 통찰을 얻을 수 있을까?
솔직히 나도 잘 모르겠다.

분명한 것은 뇌과학은 그동안 한 번도 생각해 보지 않았던 관점으로
인간을 바라보도록 요청한다는 것이다. 나는 뇌과학을 통해 내가 지금까지
고집했던 낡은 인간관이 뒤집히는 과정을 문학적으로 경험했다.
어떤 과정은 아름다웠고, 어떤 부분은 기이했으며, 또 어떤 이야기는
슬프기도 했다. 이 이야기를 어떻게 받아들일지는 각자의 몫이다.

고대 인류는 뇌를 하찮게 생각했다. 그들이 신성하게
생각했던 인체 기관은 뇌가 아니라 심장이었다.
그들은 심장이야말로 생각과 정서의
뿌리이자 영혼의 그릇이라고 믿었다.

고대 이집트에서는 미라를 만들 때 심장은 남겼지만 뇌는 버렸다고 한다.

당시에는 뇌가 생각과 정서를 관리한다는 증거가 없었다.
그렇기에 모든 학문의 아버지라고 불리는
철학자 아리스토텔레스조차 이렇게 확신했다.

"뇌는 오감 중에 어느 것에도 전혀 관여하지 않는다. 감각의 소재이자 원천은 심장이라고 보는 것이 정확하다. (…) 쾌락과 고통을 포함한 모든 감각은 명백히 심장에서 비롯된다."[1]

아리스토텔레스
Aristotle

아리스토텔레스가 죽은 뒤, 뇌의 역할에 관해 처음으로
확실한 증거를 내놓은 인물은 고대 그리스 출신의 철학자이자
의학자 클라우디우스 갈레노스Claudius Galenus였다.

▲ 히포크라테스 다음으로 유명한 고대 의학자.
로마에서 활동했던 시기가 유명하며, 황제 철학자
마르쿠스 아우렐리우스의 주치의이기도 하다.

갈레노스는 사고와 행동의 핵심을 뇌로 보았고,
다소 가혹한 동물 실험을 통해 이를 증명했다.
살아 있는 동물 몸을 가른 뒤 심장과 뇌를
찔러보고 눌러보면서 반응을 비교했던 것이다.
물론 마취제 같은 건 없던 시절이었다.

갈레노스의 증명에도 불구하고 아리스토텔레스의
심장 중심설은 여전히 사람들의 마음속에서,
아니 뇌 속에서 힘을 잃지 않았다.
대체로 그렇듯 권위 있는 기존의 지식이 뒤집혀
대중화되려면 증거보다 먼저 시간이 필요했다.

그 후에도 심장과 뇌의 역할에 관한 논쟁은 수 세기 동안 계속된다.

갈레노스의 사상은 다양한 경로로 전파되면서,
뇌실*에 영혼이 깃들어 있다는 개념이 유행하기도 했다.
이 개념은 여러 버전으로 파생되었고,
천 년 넘게 유럽과 중동에서 자명한 진리로 인정받았다.

뇌실에 영혼이 있다는 과학적 증거는 없었다. 하지만 중세는 기독교의 시대였고, 기독교가 이 개념을 공인한 사실이 중요하게 작용했다.

* 뇌 속의 빈 공간

뇌실에 존재하는 영혼이라는 개념은 이런저런 사건과
그런저런 실험을 거치면서, 뇌의 특정 기능은
특정 부위에서 담당한다는 아이디어로 발전하게 된다.
낯선 말로 뇌의 국재화局在化 이론이라고도 부른다.

뇌가 부위별로 다른 기능을 한다는 국재화 논쟁은
지금까지도 계속되는 뇌과학 이슈 중 하나다.
국재화 논쟁에 대해 〈뇌과학의 모든 역사〉를 쓴
매튜 코브Matthew Cobb 교수는 이렇게 말한다.

국재화 이론으로 처음으로 대중적인 명성을 떨친 인물은 18세기 오스트리아 의사 프란츠 요제프 갈Franz Joseph Gall이었다. 그는 하나하나의 영역이 각각 기능을 담당하기에 두개골의 모양과 크기를 측정해서 사람의 성격이나 특성을 파악할 수 있다고 주장했다.

이를테면 난폭한 사람의 머리에서 특정 부분이 튀어나와 있으면 그 부분이 폭력성과 관련된 뇌 부위라는 식이었다. 그의 이론에 주류 학계는 펄쩍 뛰었지만, 대중은 선구적인 지식으로 받아들였고 어느 시점부터 상식처럼 취급되었다.

잘나가던 골상학은 이 상황에 질겁했던 여러 학자의
과학적 비판과 실험적 반증을 통해 힘을 잃기 시작했다.
그 뒤 19세기 중반쯤 되자 골상학 추종자들도 서서히 입을
닫기 시작했고, 1846년에는 런던 골상학회마저 문을 닫았다.
당시 케임브리지대학의 어떤 교수는 어찌나
화가 났는지 골상학에 대해 이렇게 쏘아붙였다.

"인간의 어리석음과 멍청하게 입만 산 허식이 이루어낸 환장의 구렁텅이." [4]

골상학은 사이비 과학으로 귀결되었다.
하지만 지금까지도 유행하는 잘못된 뇌과학 개념이 있다.
바로 20세기 뇌과학자 폴 맥린Paul MacLean이
주장한 '삼위일체의 뇌Triune brain' 가설이다.

폴 맥린
Paul MacLean

〈코스모스〉로 유명한
천문학자 칼 세이건도
〈에덴의 용〉이라는 책에
이 개념을 소개했다.

삼위일체의 뇌 가설은 뇌과학에 진화론을 조합하여 뇌를 3단계로 구분했다.
가장 안쪽 깊숙이 도마뱀의 뇌(파충류의 뇌)가 있고,
이를 둘러싼 변연계(포유류의 뇌)가 가운데 있으며,
가장 바깥에 신피질(인간의 뇌)이 있다.

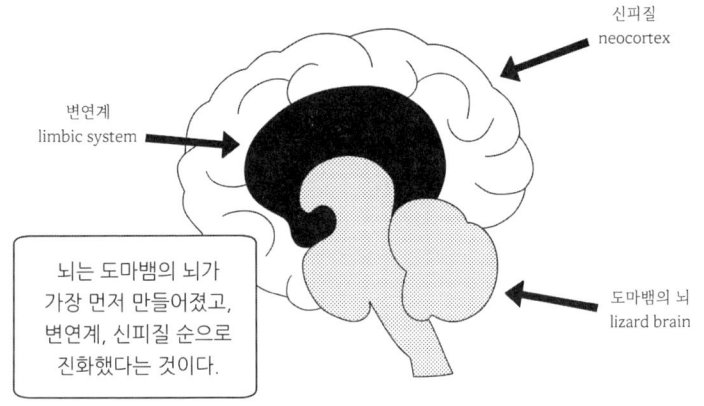

맥린의 이론에 따르면 도마뱀의 뇌는 기본적인 생존을 담당한다.
변연계는 파충류는 가지고 있지 않으며 감정을 관장하고,
가장 고등한 신피질은 인간에게만 있으며 이성을 관리한다.

맥린의 그럴듯한 발상은 잠깐 학계의 관심을 끌기도 했다.
그러나 삼위일체의 뇌 가설이 틀렸다는 증거가 누적되면서,
대부분의 뇌과학자는 이미 20세기 말에 맥린의 가설을 폐기했다고 한다.

"그의 근본적인 발상은 결국 아무 근거 없는 망상에 불과했다."[5]

"맥린의 주장은 신경과학적 미신으로 분류되어야 마땅했다."[5]

반증은 여러 가지가 있는데, 단순한 것 한 가지만 소개하면 신피질의 일부 요소는 조류나 어류에서도 발견된다.

삼위일체의 뇌 가설이 뇌과학에 어느 정도 흥미를
느낀 사람들에게 널리 알려진 전문적 미신이라면,
'좌뇌는 논리적이고 우뇌는 창의적'이라는 속설은
뇌과학에 관심이 없어도 누구나 알고 있는 일상적 미신이다.

좌뇌형 인간과 우뇌형 인간의 구분은 뇌에 관한 대표적인 오해 중 하나라고 하지.

이런 식의 좌뇌 우뇌 구분은 미국의 신경심리학자
로저 스페리Roger Sperry의 놀라운 발견에서 비롯되었다.
스페리는 발작을 완화시키기 위해 뇌량* 절단 수술을 한
뇌전증 환자를 연구했고, 일대 센세이션을 불러일으켰다.

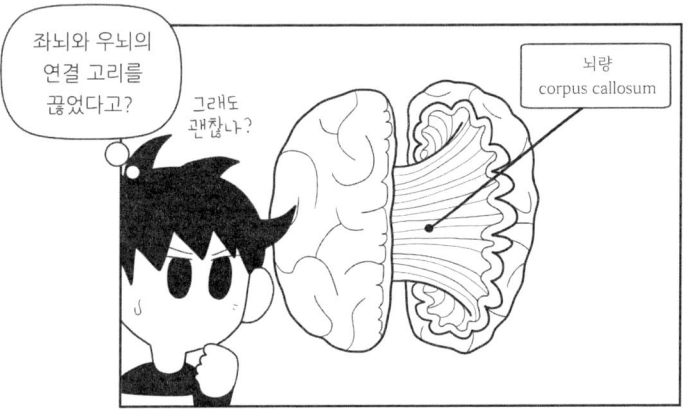

* 좌뇌와 우뇌를 연결하는 신경 섬유 다발.

좌뇌와 우뇌가 분리된 환자는 겉으로 보기에 아무런 이상 없어 보였다.
그러나 뇌과학자들은 분리된 뇌가 어떤 영향을 미치는지 궁금했고,
스페리의 제자 마이크 가자니가Mike Gazzaniga는
분할 뇌 환자를 대상으로 단순한 실험을 했다.

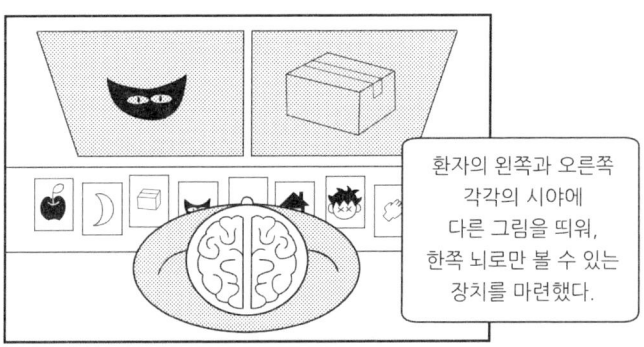

※ 좌반구는 우측 신체를, 우반구는 좌측 신체를 담당한다.

먼저 환자의 오른쪽 시야에 상자를 보여주었다.
오른쪽 시야에서 본 그림은 좌뇌에서 처리된다.
(좌뇌는 언어 통제에 관여하는 영역이다.)
가자니가는 환자에게 무엇이 보이는지 물었다.

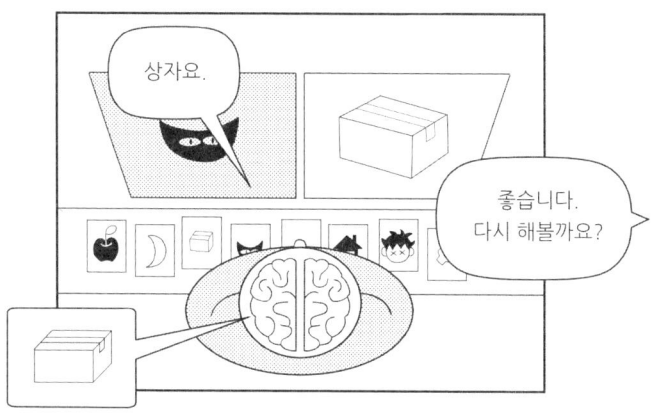

이번에는 반대로 왼쪽 시야에 상자를 보여주고 무엇이 보이는지 물었다.
언어 통제에 거의 관여하지 않는 우측 뇌에 상자를 보여준 것이다.
그러자 환자는 이렇게 대답했다.

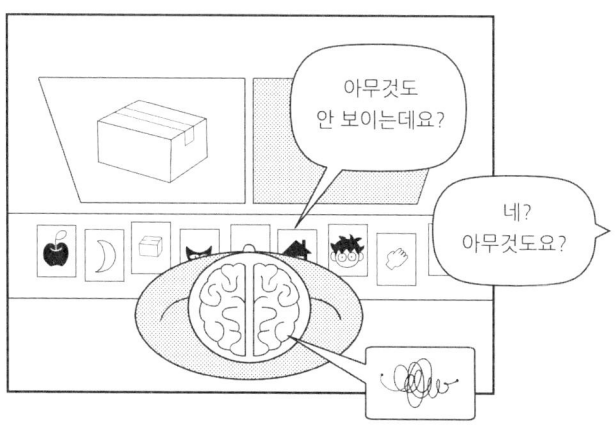

실험은 여기서 끝나지 않았다.
가자니가는 환자가 아무것도 보지 못했다고 말했을 때,
여러 그림이 그려진 카드들을 제시하며
이 중에서 화면에 나온 그림을 추측으로 맞혀보라고 했다.
단 이번에는 말로 대답하는 것이 아니라 손가락으로 가리키도록 지시했다.

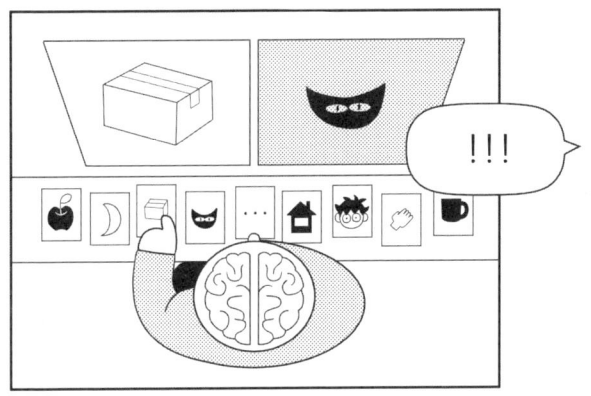

환자는 우측 뇌가 보았던 상자 그림을 언어로 표현하지 못했으나,
우측 뇌가 통제하는 왼손으로 정확한 카드를 가리켰다.
이 기이한 발견으로 로저 스페리는 1981년 노벨 생리의학상을 수상했다.

"이러한 환자들에게는 각기 다른 관점과 능력을 가진 두 개의 마음이 존재하고 이들 각각이 전혀 이상하다는 느낌 없이 자신의 몫에 만족하다는 것은 분명했다."[6]

이후 실험은 더욱 흥미롭다. 환자의 우뇌에
어떤 그림을 보여주고 왼손이 알맞은 카드를 가리키면,
가자니가는 왜 그 카드를 골랐는지 물었다.
그러자 우뇌에 제시된 그림을 못 본 좌뇌는
자신의 선택을 정당화하는 그럴듯한 이유를 지어내어 대답했다.

예를 들어
눈사람 그림이었다면,
눈사람을 좋아해서라든가
작년에 눈사람을
만들었던 일이
생각났다든가 하는
대답을 했다.

로저 스페리의 신비로운 발견은 지나친 도식화와 이분법적 편견으로
좌뇌형 인간, 우뇌형 인간이라는 상품으로 포장되었고,
지금도 여전히 과학적인 상식처럼 알려져 있다.
하지만 정상적인 뇌는 좌뇌와 우뇌가 통합된 하나로서 기능하지
각각 독립적으로 작용하지 않는다.
그뿐만 아니라 이성적인 사람이라고 해서 좌뇌를 더 쓰거나
감성적인 사람이라고 해서 우뇌를 더 쓰는 것은 아니라고 한다.

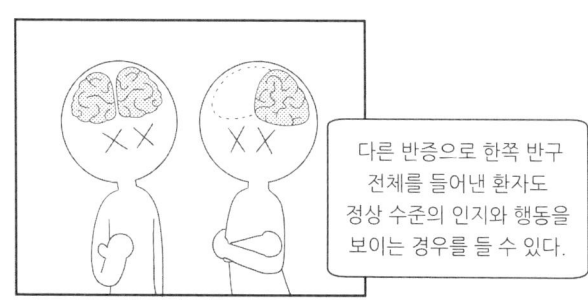

다른 반증으로 한쪽 반구
전체를 들어낸 환자도
정상 수준의 인지와 행동을
보이는 경우를 들 수 있다.

뇌과학의 역사를 살펴보면 대부분의 이론은 꾸준한 검증과 반복되는 실험을 거치면서 폐기되거나 수정되면서 변화해 왔다. 그렇기에 지금까지 밝혀진 뇌과학 지식이 완전한 진리는 아닐 수 있으며, 주류 견해에 대해 모든 뇌과학자가 똑같이 동의하는 것도 아니다. 그럼에도 불구하고 현대 뇌과학은 뇌에 대해 본질적으로 중요한 정보를 제공하는데, 이를 한 문장으로 요약하자면 이렇게 쓸 수 있을 것이다.

못생김*은 시간이 빚은 선물 같은 것이고,
복잡함은 과학자가 풀어낼 보따리 같은 것이며,
신비로움은 우리에게 주어진 크리스마스 같은 것이다.
우리는 그저 크리스마스를 즐겁게 보내기만 하면 된다.
크리스마스는 얼마나 즐거우며, 또 뇌는 얼마나 신비한가!
진짜 재밌는 이야기는 지금부터다.

* 뇌의 쭈글쭈글한 주름은 표면적이 넓어지는 방향으로
진화하는 뇌를 한정된 두개골 안에 구겨 넣다 보니 생긴 것이다.

시작

아무튼 첫걸음이 중요하다

03

우주까지는 모르겠지만 적어도 지구에서 뇌보다 놀라운 것은 없다.
이 세상에 인간이 만든 아름답고도 추한 모든 것이
뇌라고 하는 작고 기묘한 덩어리에서 비롯되었으니 말이다.

지구까지는 모르겠지만 적어도 인간 신체에서 뇌보다 복잡한 물질은 없다.
이 말은 다른 어떤 신체 기관보다 뇌에 관한 명칭이 많다는 뜻이다.

뇌과학은 수많은 명칭만큼이나 어렵다.
하지만 이 책에서는 기초적인 사실만 조심스럽게 다루고자 한다.
그러므로 귀찮은 전문 용어와 어디서 끊어 읽어야 할지도 헷갈리는
징그러운 고유명사는 반드시 필요한 경우에만 사용할 것이다.

자, 그럼 A부터 시작해 보자. 뇌는 무엇인가?
당연한 말이지만 뇌는 세포로 구성되어 있다.

뇌에서 가장 중요한 세포는 뉴런이라고 부르는 신경세포다. 인간의 뇌 속에는
대략 1000억 개의 신경세포가 있다는 이야기가 상식처럼 전해지는데,
어느 신경과학자의 촘촘한 추산에 따르면 860억 개라고도 하고,
또 어느 논문에서는 1280억 개라고도 한다.

뉴런은 가늘고 긴 꼬리를 가진 외계 생물체처럼 생겼다.
뉴런은 다른 뉴런과 신호를 주고받으며 정보를 처리하는 일을 한다.

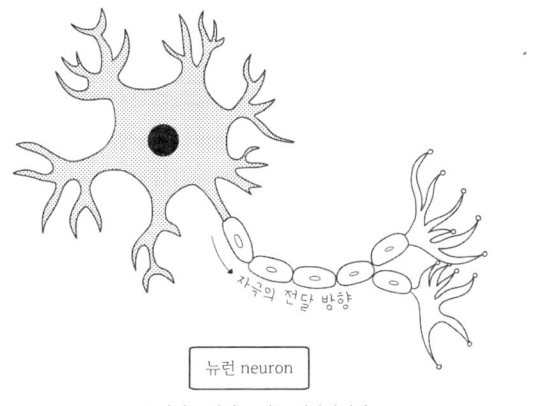

뉴런 neuron

※ 뉴런의 모양과 크기는 제각각이다.

뉴런의 모양이나 기능에 특별히 관심을 끄는 부분은 없다.
(난 그랬다.) 뉴런에 관하여 흥미로운 사실은 이것이다.
아기와 성인의 뉴런 수는 같다.

뉴런 수와 지능 지수는 명백하게 증명된 것은 아니지만
대체로 비례한다고 알려져 있다. 재미있는 것은
인간보다 뉴런 수가 많은 동물도 있다는 것이다.

하나의 신경세포는 시냅스를 통해
다른 수천 개의 신경세포와 연결되어 있다.
그래서 뇌는 신경세포들의 네트워크이기도 하다.

19세기 학자들은 뉴런이 서로 다닥다닥 붙어 있는지,
아니면 약간의 틈을 두고 떨어져 있는지를 갖고 심각하게 다퉜다.
이후 정밀한 관찰로 뉴런들이 떨어져 있다는 것이 밝혀지자,
뉴런 사이의 근접한 부분을 시냅스라 칭했다.

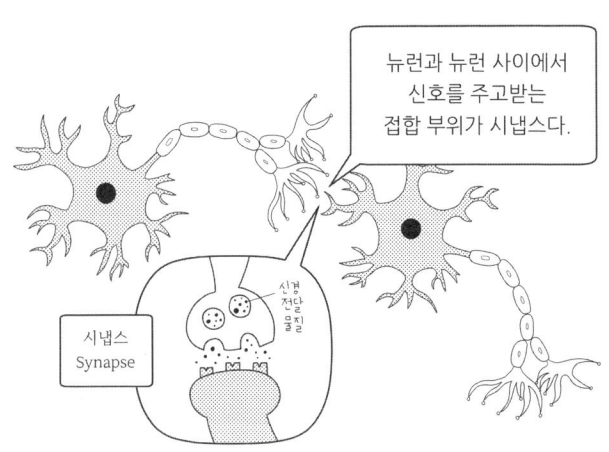

성인과 아기의 뉴런 수가 같다는 것의 비밀은 시냅스에 있다.
갓 태어난 아기의 뉴런 수는 성인과 비슷하지만
적은 수만 연결되어 있다. 그러나 아기는 외부 자극을
흡수하는 과정에서 새로운 시냅스를 폭발적으로 만들어낸다.

아기의 시냅스는 생후 8개월에서 2세 또는 3세 사이 최고치에 도달한다.
흥미로운 점은 이때 생성된 시냅스는 성인의 두 배에 이른다는 것이다.

더욱 재미있는 것은 아기의 뇌는 자라면서 시냅스를 절반으로 줄인다는 사실이다.
뇌는 성장하면서 자주 사용하는 시냅스는 강화하고 사용하지 않는 시냅스는
제거하는데 이를 시냅스 가지치기Synaptic pruning라고 부른다.

신경과학자 데이비드 이글먼David Eagleman의 말마따나,
"당신이 지금의 당신으로 되는 과정은 이미 있었던 가능성들을 쳐내는
과정이다. 당신이 지금의 당신으로 된 것은 당신의 뇌 속에서
무언가가 성장했기 때문이 아니라 무언가가 제거되었기 때문이다." [1]

어떤 동물들은 시냅스를 미리 고정시킨 상태로 태어난다.
하지만 인간의 시냅스는 태어난 환경에 따라
세부적인 연결을 섬세하게 조절한다.

이는 뇌의 장점이기도 하지만 약점이 되기도 한다.
뇌의 배선이 초기 환경에 따라 융통성 있게 변한다는 말은,
유아기의 특수한 환경이 뇌 발달에
치명적인 영향을 끼친다는 뜻도 되기 때문이다.

루마니아 독재자 차우셰스쿠*는 출산율을 높이는 정책을
강압적으로 사용했다. 그 결과 수많은 아이들이 국영 고아원에 맡겨졌다.
고아원 아이들은 최소한의 음식과 기저귀를 갈아주거나
재워주는 등 가장 기본적인 보살핌만 받았다.

* 니콜라에 차우셰스쿠. 1918 - 1989. 루마니아 초대 대통령.

고아원 보육사들은 아기와 놀아주기는커녕 울어도 달래주거나
안아줄 수 없었다. 아기들은 어떠한 감정적 자극 없이 20시간 이상을
침대에 누워 있을 수밖에 없었다. 이후 과학자들은 루마니아
고아원에서 자란 아이들을 대상으로 연구를 실시했고 결과는 참혹했다.

이는 인간만 겪는 문제가 아니다. 어렸을 때 만져주지 않은 새끼 원숭이들은 나중에 비정상적인 행동을 보인다고 한다. 또한 갓 태어난 쥐를 부드러운 브러시로 쓰다듬어준 경우와 그렇지 않는 경우의 비교 연구 결과, 그렇지 않은 쥐들의 뇌세포가 많이 죽는 등 이상이 생기기도 했다.

부모와의 감정적 상호작용이나 접촉, 인지적 자극이 없으면 뇌는 제대로 발달하지 않는다. 갓 태어난 인간 뇌는 양육자의 애정 어린 상호작용이 절대적으로 필요하다.

나는 아기 때 기억이 전혀 없다.
그래서 아기 시절 경험을 중요하게 생각하지 않았다.
하지만 내가 아기였을 때 부모에게 받았던 사랑은
나의 초기 시냅스 배선에 결정적인 역할을 했을 것이다.

유아기 시절 경험이 아주아주 중요한 것은 사실이다.
하지만 유아기 경험이 미래를 완전히 결정하는 것은 아니다.
뇌는 죽을 때까지 끈질기게 적응하고 변하기 때문이다.
이에 대해 신경과학자 리사 펠드먼 배럿Lisa Feldman Barrett은 이렇게 말한다.

유아기만큼이나 막대한 뇌의 변화는 사춘기 시절에도 일어난다.
뇌에게 있어 사춘기는 일종의 혁명이자 특이점이다.

나는 중2병이 무엇인지 잘 안다고 생각했다.
하지만 내가 알고 있는 것은 중2병의 증상일 뿐
원인에 대해서는 한 번도 생각해 보지 않았다.
중2병은 무엇이고 왜 생기는 것일까?
뇌과학은 알고 있다.

청소년
잃어버린 중2병의
미스터리를 찾아서

04

청소년에 관해 내가 가장 좋아하는 문장은 이것이다.
"열세 살을 어떻게 뚫고 지나가느냐는 건 세계에서
가장 훌륭한 철학자들조차 아직 풀지 못한 미스터리다."[1]

실제로 역사상 가장 뛰어난 철학자 중 한 명인
아리스토텔레스도 10대에 관해 이런 글을 남겼다.

"젊은이는 욕구에 변덕이 심하고 금세 싫증을 내며,
열렬히 욕구하다가도 금세 식어버린다. 또한 젊은이는
화를 잘 내고 성급하며 충동에 휘둘린다."[2]

아리스토텔레스
Aristotle

일반적으로 사춘기 청소년은 자기중심적이고, 감정 기복이 심하며, 충동적이고, 위험한 일에 무모하게 뛰어드는 경향이 있다. 10대의 뇌를 전문적으로 연구하는 뇌과학자 프랜시스 젠슨Frances Jensen 교수는 이러한 특징을 한마디로 정리했다.

과학자들은 그동안 중2병의 미스터리를 호르몬의 마법으로 해석해 왔다.
물론 호르몬이 막강한 영향을 끼치는 것은 사실이다.
그렇지만 그에 못지않게 심오한 작용을 미치는 것이 10대에 일어나는 뇌 발달이다.

오랫동안 과학자들은 뇌가 유년기에 (거의) 완성된다고 믿었다.
하지만 인간 뇌는 20대 중반이나 후반이 될 때까지 생리적 변화를 겪는다.

인간 뇌는 아기 때 폭발적으로 시냅스를 만들었다가
절정에 이르면 잘 사용하지 않는 시냅스를 삭제한다.
그리고 사춘기 직전에 다시 한번 시냅스를 팍 늘렸다가 픽 줄여나간다.

10대의 뇌에서 벌어지는 구체적인 변화를 이해하기 위해선 해부학적 지식이 약간 필요하다. 생소한 용어가 등장하기에 다소 어렵게 느껴질 수도 있을 것이다.

우선 뉴런 모양을 다시 한번 살펴보자.
세포체 아래쪽으로 길게 뻗은 가지를 축삭돌기axon라고 한다.
축삭돌기는 지방 성분의 수초myelin라는 물질이 감싸고 있는데,
수초는 뉴런이 전달하는 정보 속도를 높인다.

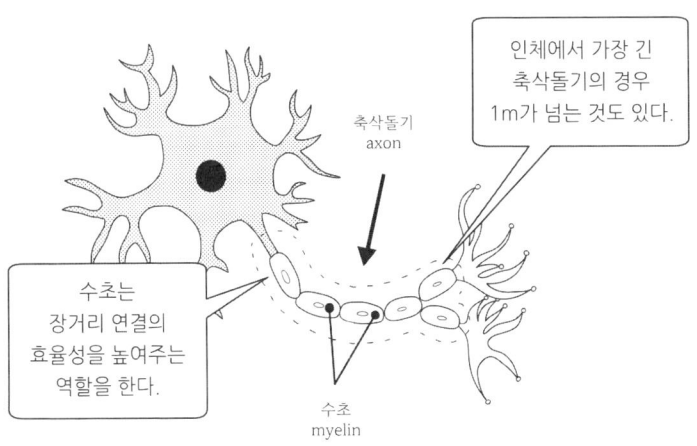

한편 뇌를 세로로 자르면 아래 그림과 같은 모양이다.
뇌 가장 바깥 부분에 있는 층을 피질cortex 이라고 부른다.
피질의 표면 가까이 회백질grey matter이 있고,
그 아래 백질white matter이 있다.

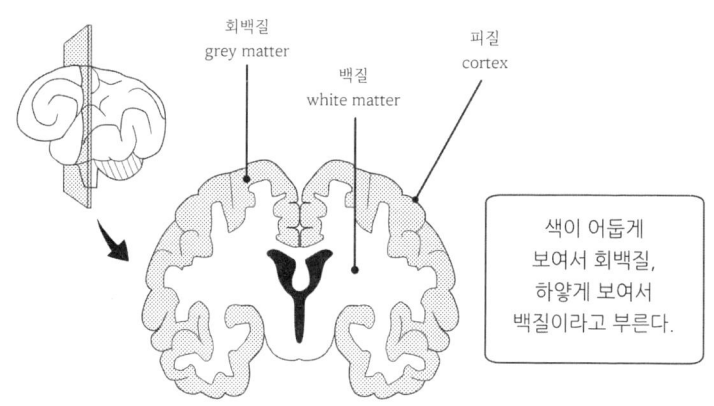

색이 어둡게 보여서 회백질, 하얗게 보여서 백질이라고 부른다.

회백질에는 뉴런이 분포되어 있다.
백질에는 한 뉴런이 멀리 떨어진 뉴런과 효율적으로
연결될 수 있도록 도와주는 축삭돌기가 뻗쳐 있다.
뉴런은 대부분 백질을 통해 다른 뉴런과 연결된다.

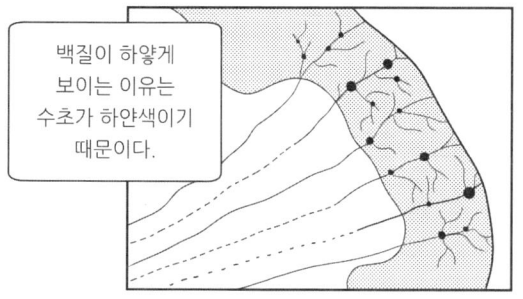

백질이 하얗게 보이는 이유는 수초가 하얀색이기 때문이다.

10대의 뇌는 회백질은 충분하지만 백질은 부족하다.
이 말은 뉴런은 충분한데 멀리 떨어진 뉴런과 연결이 부족하다는 뜻이고,
뇌의 한 부위가 다른 뇌 부위와 제대로 연결되지 않았다는 뜻이다.

멀리 있는 뉴런끼리의 연결, 즉 수초화는 10대에 이르러
본격적으로 시작한다. 중요한 것은 연결이 일어나는 방향이다.
수초화는 뇌의 뒤쪽부터 시작해 앞쪽으로 진행한다.
즉 뇌는 부위별 발달 시기가 다르며, 전두엽이 가장 마지막에 발달한다.

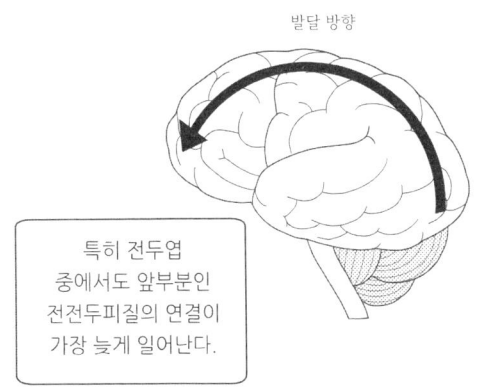

피니어스 게이지 사례에서 언급했던 전두엽은
합리적 의사결정, 미래 계획, 논리적 사고, 자아 성찰, 충동 조절,
억제 등과 관련되어 있는 복잡한 고등 인지 기관이다.
이처럼 중요한 전두엽은 20대가 넘어서까지도 수초화가 마무리되지 않는다.

10대의 전두엽은 미숙하다.
하지만 쾌락과 관련된 뇌 영역은 조숙해서,
쾌감을 전달하는 신경전달물질인 도파민은 활화산처럼 분출한다.
이것이 10대에게 더 격한 감정을 느끼게 만들면서,
위험한 상황에서 충동을 통제하기 어렵게 만드는 원인이다.

청소년 시절은 친구 관계를 가장 중요하게 생각하는 시기이기도 하다.
10대만큼 또래 압력에 민감한 시기는 없다. 10대 뇌 연구로 유명한
사라-제인 블랙모어Sarah-Jayne Blakemore는 이렇게 말한다.

세상에서 가장 웃긴 논픽션 작가 빌 브라이슨Bill Bryson은
자신의 저서에 이렇게 쓰기도 했다.
"청소년의 주된 사망 원인은 사고이며, 사고의 주된 원인은
그저 다른 청소년들과 함께 있다는 것이다.
예를 들면, 자동차에 청소년이 2명 이상 타고 있으면,
사고 위험은 400퍼센트 급증한다."[5]

행동심리학자 로렌스 스타인버그Laurence Steinberg의
비디오 게임 운전 실험도 같은 결과를 보여준다.
실험 내용은 이렇다. 자동차를 운전해 가능한 한 빨리 도시를 통과해야 한다.
종종 운전 중에 초록색에서 노란색으로 바뀌는 신호등에 걸리는데,
이때 계속 달릴 것인가 멈출 것인가를 결정한다.

청소년이 혼자 게임을 할 때는 노란 신호등을 통과하는 경우가
성인의 비율과 비슷했다. 하지만 친구가 옆에서 구경하고 있으면,
노란 신호등을 통과하는 비율이 두 배로 늘었다.

스타인버그는 청소년이 모험을 하는 이유는 위험을 낮게
평가해서가 아니라 보상에 더 많은 비중을 두기 때문이라고 말한다.
사춘기 뇌 연구로 유명한 뇌과학자 프랜시스 젠슨도 청소년의 행동에서
중요한 변수는 위험에 대한 지각이 아니라 보상에 대한 기대감이라고 지적한다.

청소년 뇌는 성인 뇌와 범주가 다르며, 전혀 다른 종류의 뇌이다.
젠슨 교수는 말한다.
"10대는 외계인이 아니며 제대로 이해되지 못한 존재일 뿐이다."

사춘기에 벌어지는 혼란스러운 뇌 변화는
고유한 정체성을 만들어가는 필연적 과정이기도 하다.
이 시기에 뇌는 유연하고 열정적이며 모든 것을 빠른 속도로 학습한다.

뇌는 어느 정도 나이가 들면 더 이상 그 전만큼의 극적인 변화는 일어나지 않는다.
그렇다면 이미 성인이 된 나의 뇌는 더 이상 변하거나 나아질 수 없는 걸까?
이제 내 앞에 남은 것은 내리막뿐인 걸까?

오스카 와일드가 그랬다.
"우리는 모두 시궁창에 있다.
하지만 그중 누군가는 별을 보고 있다."
대체 어디 별이 있단 말인가?
어쩌면 다음 챕터에 있을지도 모르겠다.

근대 뇌과학의 아버지
산티아고 라몬 이 카할Santiago Ramón y Cajal은 이렇게 말했다.
"성인의 뇌에서 신경 경로는 완전히 고정되어
더는 변경할 수 없는 막다른 길이다."¹ [1]

▲ 세포 염색법으로 뇌 조직이 뉴런이라는
세포로 이루어져 있음을 밝혀냈다.
1906년 노벨 생리의학상 수상.

카할의 견해는 20세기 중반까지 확고한 과학적 사실이었다.
그러나 그렇지 않다는 증거가 누적되면서,
오늘날 우리는 다 자란 성인 뇌라 할지라도 변할 수 있다고 믿게 되었다.

찰흙에 힘을 가하여 어떤 모양을 빚으면 만들어진 모양이 그대로 유지된다.
이때 외부 힘이 사라져도 원래 형태로
돌아가지 않는 성질을 가소성可塑性이라고 하는데,
신경계에서 일어나는 구조와 기능의 변화를 통틀어 신경가소성이라고 부른다.

뇌과학자들은 무언가 오랫동안 훈련하면 성인 뇌라 할지라도
그에 따라 적응한다는 사실을 알아냈다. 한 예로 2004년에
실시한 연구에서는 2개 국어 사용자와 모국어만 사용하는 사람의 뇌를 비교했고,
2개 국어 사용자는 언어 기능과 관련된 뇌 부위 부피가
모국어만 사용하는 사람에 비해 크다는 것을 발견했다.

놀라운 것은 3개월이라는 짧은 시간 동안 외국어를 공부한
사람 뇌에서도 대조군에 비해 뚜렷한 차이를 만들어냈다는 것이다.
그러나 1년 뒤 다시 조사했을 때 꾸준히 공부한 사람 뇌는
관련 부위 회백질 밀도가 두드러지게 증가했지만,
그만둔 사람 뇌는 학습 이전으로 되돌아갔다고 한다.

심지어 어떤 연구에서는 90분만 연습해도 뇌에 변화가 일어난다는 것을 증명했다.
이 실험에서 피험자는 〈니드 포 스피드〉라는 레이싱 게임을 하면서
레이싱 코스를 익히도록 요구받았다. 게임 플레이 후 플레이어 뇌를 스캔했더니
공간 지각과 관련된 뇌 부위에서 관찰 가능한 구조적인 변화가 일어났다.

마찬가지로 프로 연주자와 비음악가 대조 연구에서도
프로 연주자의 운동, 청각 등의 뇌 구역에서 회백질 부피가 더 컸고,
이는 연주자로서 보낸 시간과 비례했다.
또한 수개월 동안 저글링을 배운 사람의 경우에도 관련된 부위의
회백질 밀도가 증가했고 팔과 안구 운동을 제어하는 데
중요한 부위의 백질 신경로가 확장되었다.

성인의 신경가소성을 언급할 때마다 빠지지 않고
등장하는 사례가 있다. 바로 런던 택시 기사 이야기다.
런던에서 택시 기사가 되려면 미로 같은 도로와
수많은 랜드마크를 외워야 하는데, 무시무시하게 어렵고
엄격한 시험을 통과해야 한다고 알려져 있다.

시험에 합격한 택시 기사들은 공간 탐색과 관련된 영역인
해마* 뒷부분이 대조군보다 눈에 띄게 커져 있었고, 그 크기는 운전 경력과 비례했다.
런던 택시 기사 뇌와 기타 여러 연구가 증명하듯 꾸준한 학습과
반복되는 훈련은 성인이라 할지라도 관련 뇌 부위 변화를 확실하게 유도한다.

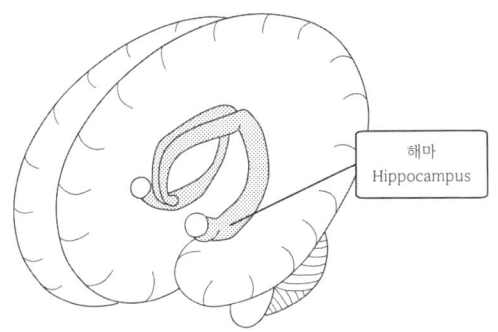

* 양쪽 측두엽에 위치한 뇌 부위. 말 그대로 해마처럼 생겼다.
주로 기억과 공간에 관여한다고 알려져 있다.

더 놀라운 일은 뇌는 생각만으로 학습이나 기술을 향상시키기도 한다.
어떤 행동을 구체적으로 상상하면, 우리 뇌는
그 행동을 실제로 할 때와 거의 동일하게 작동한다.

하지만 내가 정말 신기하게 느꼈던 것은
뇌과학자 폴 바크이리타Paul Bach-y-Rita의 신묘한 기계 장치였다.
바크이리타는 시각장애인을 대상으로 '촉각'을 통해 '볼' 수 있는 장치를 만들었다.

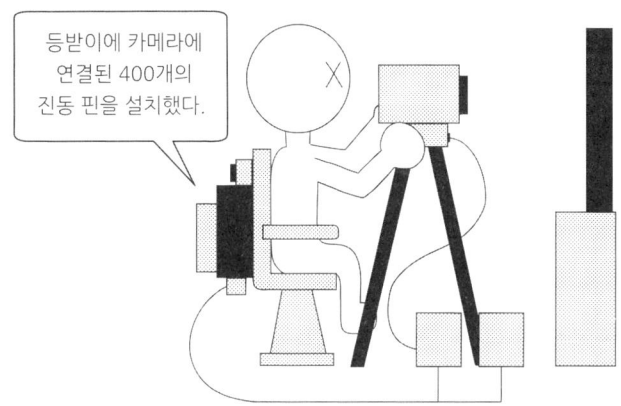

손잡이를 조작하면 카메라가 움직이는데, 이때 카메라에
입력된 이미지가 등받이의 진동 패턴으로 전환된다.
피험자는 훈련을 통해 촉각 신호를 시각 정보로 해석하는 방법을 학습했고,
결국 모양을 인식하여 물건이나 사람을 구분해서 알아볼 수 있었다.

이 기기묘묘한 장치는 시간이 흘러 기술이 발달하자
새로운 버전으로 개량되었다. 무엇보다 훨씬 작아졌다.
일명 브레인포트라고 불리는 이 장치는 카메라가 장착된 선글라스에 전극을 배열한
플라스틱을 연결했고, 플라스틱은 시각장애인의 혀 위에서 진동을 만들었다.

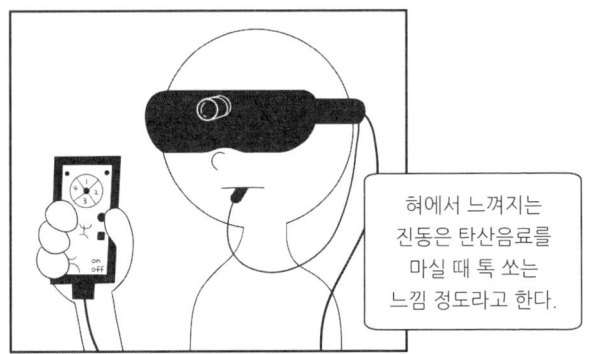

▲ 2015년에 미국 식품의약청(FDA)의 승인을 받았다.

이런 일은 어떻게 가능한 것일까?
시각장애인은 점차 책을 읽을 때 시각 피질이 활성화된다.
또한 훈련받은 시각장애인은 반향정위*를 이용하여 자전거까지 탈 수 있는데,
반향정위를 이용할 때도 시각 영역이 활성화된다.

*소리를 내고 그 소리가 되돌아오는
울림을 인지해서 위치나 방향을 읽는 것.

시각장애인에게 시각 피질이 활성화되었다는 것은 시각 영역이
원래의 기능이 아닌 다른 유형의 감각 기능을 처리하도록 변화했다는 뜻이다.
이는 뇌의 시각 영역이 일반적인 시각 정보만 처리하도록
고정된 게 아니라는 말이기도 하다.

비슷한 메커니즘이 청각장애인 뇌에서도 일어난다.
비장애인의 경우 소리 정보는 측두엽의 청각 피질에서 처리되는데,
청각장애인 청각 피질은 시각 자극을 처리한다.

뇌의 놀라운 가소적 변화를 기록한 또 다른 매혹적인 사례는 어느 평범한 남성에 관한 이야기다. 이런저런 사정으로 그 사람 뇌를 촬영해 보았더니 뇌의 3분의 2가 양성 종양으로 뒤덮여 있었고, 멀쩡한 나머지 3분의 1의 뇌가 소멸한 영역의 기능까지 수행하고 있었다.

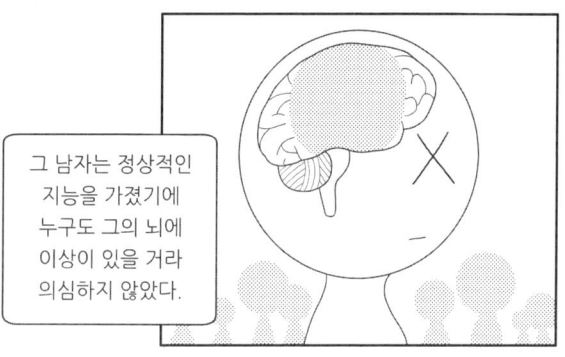

뇌 가소성은 결정적 시기*에 배선된 두뇌 회로도 바꿔놓는다. 그 때문에 결정적 시기라는 단정적 표현 대신 민감한 시기라는 완곡한 표현을 사용하기도 한다.

*특정 체계나 능력을 습득하는 데 결정적으로 중요한 시기.

얼핏 보면 가소성은 자신의 생각이나 행동을 원하는 대로
업그레이드할 수 있는 기적의 치트키처럼 느껴진다.
하지만 이러한 성장형 사고방식은 지나친 단순화에서
비롯된 과장된 생각이라고 한다. 우선, 가소성은 시간이 지나면서 감소한다.
따라서 나이를 먹을수록 무언가를 배우는 것이 어려워진다.
앞에서 이야기한 외국어 학습, 악기 다루기, 운동 능력은
모두 어릴수록 확연한 효과를 발휘했다.

가소성이 크다는 것은 빠른 학습이 가능하다는 말이기도 하지만,
그만큼 오래 기억하지 못하는 불안정한 상태라는 뜻이기도 하다.
사춘기의 높은 가소성은 청소년을 그만큼 격렬하게 뒤흔들어 놓기도 한다.

게다가 가소성은 바람직하지 않은 결과를 내놓기도 한다.
대표적인 예로 각종 중독과 만성 통증은 시냅스 변형으로 발생하는 부정적인 현상이다.
이에 대해 〈신경가소성〉의 저자 모헤브 코스탄디Moheb Costandi는 이렇게 말한다.

가소성은 생물학적 제약의 한계에서 벗어날 수 없으며
때로는 단점으로 기능하기도 한다. 하지만 가소성으로 인해
우리 모두는 고유한 존재로 각자 특별할 수 있다.

처음으로 돌아가 첫 장에서 던졌던 질문을 떠올려보자.
나는 누구일까, 아니 나는 뭘까?
가소성의 관점으로 생각해 보면 이렇게 말할 수도 있을 것 같다.

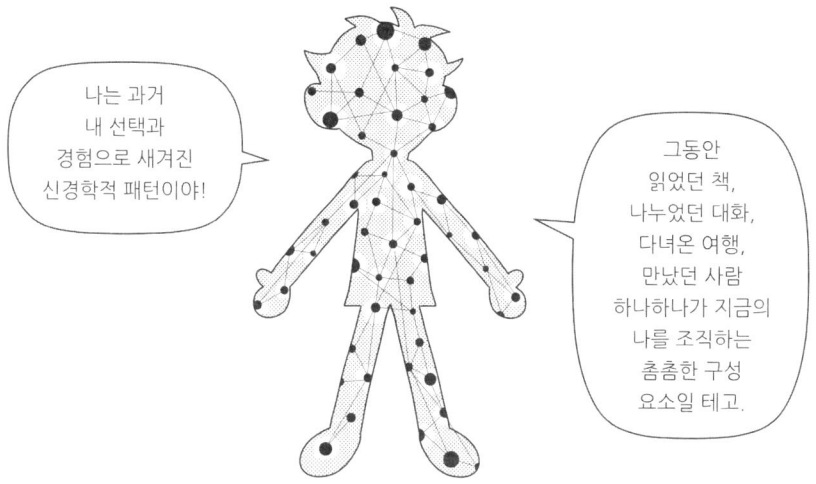

내가 만든 패턴은 오직 하나뿐이기에 특별하다.
하지만 누구나 똑같이 유일무이하기에 특별할 것도 없다.
나는 특별하면서 동시에 평범하고, 우리는 평범하면서 동시에 특별하다.
뇌의 가소성도 정확히 그러하다.

학습

인간은 학습을
선고받았다

06

이것은 축복일까, 저주일까?
가소성이 있기에 우리는 배우고, 익히고,
습득할 수 있는 능력을 얻었다.
그리고 시험공부도 하게 되었다.

학습이란 무엇일까?
생물학적으로 정의하면 학습이란
유전자가 실시간으로 통제할 수 없는 환경 변화에,
개체 스스로 대응할 수 있도록 심어놓은 프로그램이다.

신경세포를 지닌 생물은 학습 능력을 갖추고 있고,
이를 통해 더 오래 살 수 있다.
학습한 지식을 활용하여 눈앞의 문제를 해결하는 방식은
빠르고 효율적이며 무엇보다 안정적인 생존 전략이다.

그렇다면 학습은 어떻게 이루어질까?
일반적으로 널리 알려진 보편적 학습 모형은 '고전적 조건화'였다.
러시아의 심리학자 이반 파블로프Ivan Pavlov는 개에게 먹이를 주기 전에
항상 종소리를 들려주었고, 나중에 그 개는 종소리만 들어도 침을 흘렸다.

심리학 학습 이론에서 고전적 조건화만큼이나 유명한 또 다른 실험은
'도구적 (조작적) 조건화'라고 부르는 이론이다.
심리학자 B. F. 스키너Burrhus Frederic Skinner는 상자에 동물을 넣고,
어떤 행동(지렛대를 누른다)에 보상(먹이가 나온다)을 제공함으로써
의도적으로 특정 행동을 강화했다.

고전적 조건화와 도구적 조건화는 학습에 대해 기본적인 통찰을 제공한다.
하지만 인간이 공부라고 부르는 학습, 즉 지식을 습득하는 과정을
저 두 가지 모형만으로는 설명할 수 없다.

예전 심리학자들은 반응을 일으키는 자극과
강화가 없으면 어떤 학습도 불가능하다고 생각했다.
하지만 현대 심리학자들은 '잠재적 학습'이라는 개념을 통해
강화가 없어도 학습이 일어난다는 것을 증명했다.
동물이 보상 없이도 환경의 특징을 학습하고,
나중에 그 지식을 활용한다는 사실을 발견한 것이다.

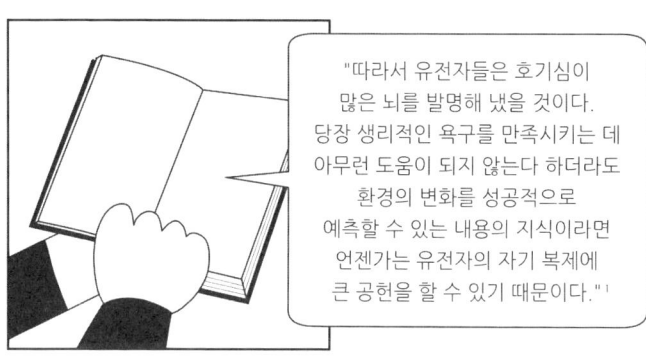

"따라서 유전자들은 호기심이 많은 뇌를 발명해 냈을 것이다. 당장 생리적인 욕구를 만족시키는 데 아무런 도움이 되지 않는다 하더라도 환경의 변화를 성공적으로 예측할 수 있는 내용의 지식이라면 언젠가는 유전자의 자기 복제에 큰 공헌을 할 수 있기 때문이다."[1]

그렇다면 학습이 일어날 때 뇌에서는 어떤 일이 벌어질까?
학습은 뇌에 자극을 주고 뉴런을 흥분시킨다.
학습을 하지 않으면 해당 자극은 중단되고 뉴런의 활동도 사라진다.

감각 자극은 바로 사라지지만, 전두엽이나 두정엽의 경우 자극이 사라져도 반응이 오래 남기도 한다.

오래 남더라도 결국 뉴런이 자극받기 이전으로 되돌아가면 학습은 어떻게 가능한 거지?

학습은 뉴런을 발화시키기도 하지만, 시냅스를 변화시키기도 한다.
한 뉴런에 스위치가 들어오면 그 뉴런은 시냅스를 통해 다른 뉴런으로
신호를 전달하는데, 이때 모든 시냅스가 동일한 세기로 연결된 것은 아니다.

시냅스 연결이 점점 강화되어 장기강화long term potentiation(LTP)로 이어지면
뉴런은 작은 반응을 일으켰던 신호에 더욱 크게 반응하게 된다.
게다가 아예 새로운 시냅스가 생성되기도 한다.

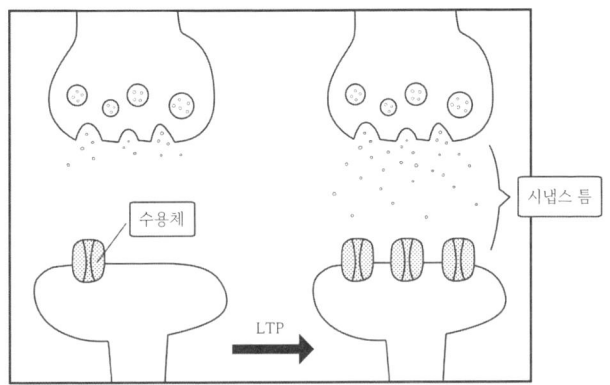

"자극을 반복하면 뇌세포는 자극에 대해 처음보다 더 강하게
반응할 것이다. 뇌 회로의 '학습'이 이루어지는 것이다." [2]

이런 식으로 반복되는 학습을 통해 무언가에 숙달되면,
뇌는 아주 적은 에너지만으로도 그 일을 할 수 있게 된다.
이는 제한된 에너지를 효율적으로 사용할 수 있게 되었다는 뜻이기도 하다.

이와 관련된 흥미로운 실험이 있다. 뇌과학자 데이비드 이글먼은
오스틴 네이버라는 소년과 '컵 쌓기' 대결을 했다.
이 소년은 아동부 컵 쌓기 세계 챔피언이었다.

물론 승패가 중요한 실험은 아니었다.
두 사람은 뇌파를 측정하는 모자를 쓰고 대결을 했다.
중요한 것은 컵 쌓기를 할 때 두 사람 뇌에서 벌어지는 활동이었다.

실제로 뇌파를 분석한 결과, 컵 쌓기를 하는 동안 더 활발히 작용하고
많은 에너지를 소비한 뇌는 소년의 뇌가 아니라 뇌과학자의 뇌였다.
컵 쌓기 초보자였던 뇌과학자의 뇌는
익숙하지 않은 과제를 수행하느라 온 힘을 쏟았던 것이다.
반면 숙련자인 소년의 뇌에선 휴식할 때 발생하는 뇌파가 나왔다.

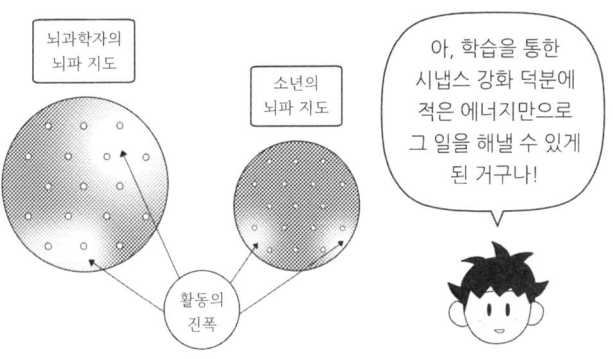

이런 식으로 충분한 학습이 진행되면
그 행동은 무의식적 자동화가 이루어진다.
우리가 일상에서 반복해서 수행하는
많은 일도 무의식 속에서 자동으로 처리된다.

"당신이 친구와 대화하면서 계단을 오를 때, 몸의 균형을 유지하는 데 필요한 수십 가지 미세조정에 관한 계산을 어떻게 하는지, 당신의 혀가 자유자재로 움직이면서 정확한 발음을 어떻게 산출하는지 당신은 전혀 모른다."[3]

데이비드 이글먼
David Eagleman

우리 뇌는 주어진 과제를 수행하기 위해
최소한의 지식을 추구하도록 설계되어 있다.
뇌는 세상의 모든 지식을 저장할 수 없기에
꼭 필요한 정보만을 알고 싶어 한다.

"뇌 친화적 학습은 입력되는 지식의 양을 늘리는 것이 아닌, 적은 지식으로 아는 힘을 키우는 데 있다."[4]

김대수

▲ 카이스트 생명과학과 교수. 뇌과학자.

그럼에도 불구하고 왜 우리는 끊임없이
새로운 것을 배우고 싶어 할까?
심리학자들 주장대로 생존과 번식에
이로운 잠재적인 보상을 기대하기 때문일까?

학습을 통한 시냅스 강화는 도파민이라는 신경전달물질과도 관련되어 있다.
도파민은 쾌락에 관여하는 화학물질이다.
뇌과학 박사이자 인지심리학자인 개리 마커스Gary Marcus는
마흔 가까운 나이에 기타 연주에 도전하며 자신의 저서에 이렇게 썼다.

우리는 때로 그것을 배우는 일이 즐겁기 때문에 어떤 것을 학습한다.
즐거운 경험은 우리가 그 일을 계속하도록 유도한다.

새로운 무언가를 학습하는 일은 본질적으로 달콤한 것이다.
악기, 외국어, 그림, 춤, 그것이 무엇이든
평소에 하고 싶었던 무엇인가를 배운다고 상상해 보라.

대체로 현대인은 하고 싶은 것을 하고 배우고 싶은 것을 배우기에
너무너무 바쁘고 아주아주 피곤하다.
그래서 우리 인생이 지루하게 느껴지는 것이다.
르네상스 시대 철학자 마키아벨리는 이렇게 말했다.

만약 지금 내 삶이 권태롭다면 그 원인은 무엇일까?
혹시 그것은 이런저런 문제로 새로운 학습 기회를 박탈당했기 때문은 아닐까?
어떻게 보면 우리 모두는 무언가를 배우기 위해 태어난 존재들이다.
배움이 없으면 삶도 없다.
따라서 17세기 데카르트의 명제는 21세기에 이렇게 변주되어 반복된다.
"나는 학습한다. 고로 존재한다."

언어

7교시 언어영역

07

일본어 공부를 결심했다.
삶의 권태를 물리치고 싶기도 했지만, 읽고 있던 책의 어떤 내용이 나의 맹랑한 자존심을 콕콕 찔렀기 때문이다. 그 내용을 요약하면 이렇다.
"외국어 자료를 다룰 수 있으면 생각의 풍요로운 편집이 가능하다.
영어 정도는 누구나 하니까 다른 언어를 추가로 더 배워야 한다."

그렇게 일본어 공부를 하다 보니 의문이 생겼다.
언어는 뇌의 어느 영역이 처리하는 것일까?
(나의 뇌는 그 부분에 문제라도 있는 걸까?)
외국어를 할 줄 아는 뇌는 나랑 뭐가 다를까?

뇌과학에서 언어를 이야기할 때
빠지지 않고 등장하는 두 사람이 있다.
바로 프랑스 외과 의사 폴 브로카Paul Broca와
독일 의사 칼 베르니케Carl Wernicke가 그 주인공이다.

브로카가 유명해질 수 있었던 계기는
'탄Tan'이라는 이름으로 알려진 환자와의 만남이었다.
그 환자가 탄이라고 불리는 이유는 유일하게 할 줄 알았던 말이
'탄'이란 단어 하나뿐이기 때문이었다.

탄은 30세에 말하는 능력을 잃었고, 점점 우측 신체가 마비되어 가다가 51세에 죽었다.

브로카는 탄의 사망 후 그의 뇌를 해부하여
좌측 전두엽 뒤쪽 아랫부분(왼쪽 귀 근처) 조직이 죽어 있다는 것을 발견했다.
그로부터 몇 달이 지나 또다시 말하기 능력을 상실한 두 번째 환자가 찾아왔다.
를롱Lelong이라는 이 환자는 자신의 이름을 잘못 발음한
'를로'를 포함하여 겨우 다섯 개 단어만 말할 수 있었다.

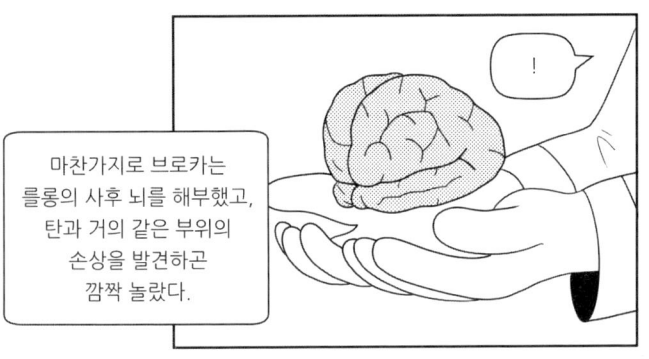

마찬가지로 브로카는 를롱의 사후 뇌를 해부했고, 탄과 거의 같은 부위의 손상을 발견하곤 깜짝 놀랐다.

처음에 브로카는 두 실어증 환자 뇌에서
같은 위치에 병변이 일어난 것은 우연이라고 생각했다.
말하기 기능은 전두엽 전체가 관장한다는 게 그의 생각이었다.
하지만 실어증 환자의 사례가 누적되고 동일한 영역의 손상이 재차 확인되자
좌측 전두엽의 특정 부분이 말하는 능력을 담당한다고 믿게 되었다.

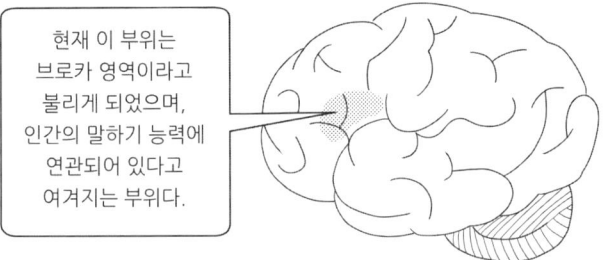

현재 이 부위는 브로카 영역이라고 불리게 되었으며, 인간의 말하기 능력에 연관되어 있다고 여겨지는 부위다.

브로카의 발견 후, 베르니케는 그와 반대 증상을 가진 환자 사례를 보고했다.
언어는 자유롭게 구사하지만 일관성 없는 단어들을 늘어놓거나,
타인의 말이나 글을 이해하지 못하는 환자를 연구한 것이다.
베르니케는 환자의 뇌를 부검했고 좌측 전두엽이 아니라
좌측 측두엽 뒤쪽의 손상을 확인했다.

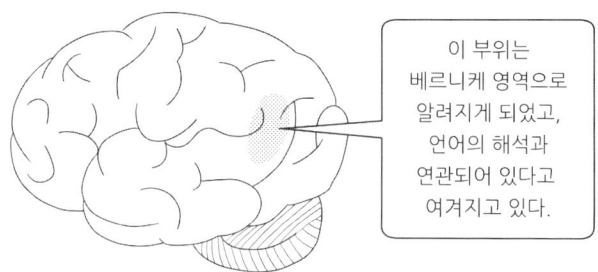

이 부위는 베르니케 영역으로 알려지게 되었고, 언어의 해석과 연관되어 있다고 여겨지고 있다.

브로카 영역이 망가지면 언어를 이해할 수는 있지만 말은 할 수 없게 되고,
베르니케 영역이 손상되면 말은 할 수 있지만 다른 사람 언어를 이해하지 못한다.
각각의 증상을 브로카실어증, 베르니케실어증이라고 부르기도 한다.

말하기 능력과 말을 이해하는 능력이 분리되어 있구나.

그럼 언어의 어떤 기능을 전담하는 정해진 부위가 따로 있다는 건가?

다시 국재화 논쟁으로 돌아가는군.

브로카와 베르니케의 발견을 심플하게 받아들이면 그렇게 생각하기 쉽다. 하지만 브로카 영역이 손상되었음에도 말하는 사람이 나오고, 브로카 영역이 아닌 다른 부위에 손상을 입었음에도 말 못 하는 사례가 확인되면서 국재화 이론은 다시 미궁에 빠지게 되었다.

오늘날 뇌과학자들은 브로카와 베르니케의 연구를 지나치게 단순화된 모형으로 여기며, 뇌 언어 회로는 그보다 훨씬 복잡하다고 생각한다. 지금은 일반적으로 두 영역 모두 한 가지 기능이 아니라 복합적인 기능을 가지고 있다고 간주한다.

이와 관련해서 외과 의사이자 신경과학자인 라훌 잔디얼Rahul Jandial 박사가 수술한 어느 여성의 사례는 뇌 기능 국재화 문제를 더욱 심오하게 만든다. 잔디얼 박사는 스페인어를 모국어로 쓰고 영어를 두 번째 언어로 사용하는 고등학교 영어 교사의 뇌를 수술했다.

검사 결과 언어 기능을 관장하는 왼쪽 측두엽에 종양이 발견되었다. 자칫하면 종양을 제거하는 과정에서 언어를 말하거나 이해하는 능력을 잃을 수도 있었기에 수술은 섬세하지만 섬뜩한 방식으로 진행되었다. 환자가 의식이 있는 상태에서 뇌의 특정 부분을 자극했고, 그 부분이 언어 기능에 영향을 미치는지 하나하나 확인하면서 수술을 진행했던 것이다.

전기 자극기를 이용한 꼼꼼한 검사는 스페인어와 영어 두 가지 버전으로 실행되었다.
신비로운 사실은 뇌 구역에 따라 스페인어에 문제가 없었는데
영어에 이상이 생기는 부분이 있었고, 혹은 그 반대의 경우도 있었다는 것이다.

잔디얼 박사는 두 언어 기능과 무관한 지점을 골라 구멍을 뚫어 종양을 제거했다.
수술은 성공했고, 그녀의 영어 능력은 회복되었다.
하지만 1년 3개월이 지났을 때, 불행하게도 종양이 재발했다.
그녀는 다시 뇌 수술을 받을 수밖에 없었다.

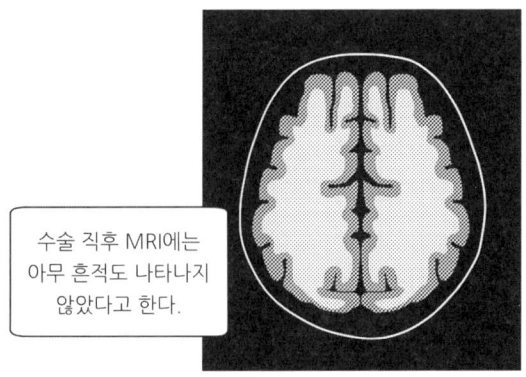

두 번째 수술에서 불가사의했던 점은 뇌의 신비로운 가소성이
첫 번째 수술 당시 확인했던 그녀의 언어지형도를 바꾸어놓았다는 것이다.
예를 들어 스페인어에만 반응하던 영역에 영어 기능이 추가되었다거나,
언어에 무관했던 지점이 언어에 관여하는 지점으로 바뀐 식이었다.

그 말은 종양 제거를 위해 안전하게 구멍을 뚫을 수 있는 부분이
줄었다는 뜻이기도 했다. 그녀는 어려운 결정을 해야만 했다.
두 언어 능력을 보존하면서 종양의 일부를 남기는 방법과
두 언어 중 한 가지 능력을 포기하면서 종양을 완전히
제거하는 방법 중에 하나를 선택해야 했던 것이다.

잔디얼 박사의 저서 〈내가 처음 뇌를 열었을 때〉에는
이 여성의 일화와 함께 이중언어의 장점도 소개하고 있다.
이중언어의 장점을 요약하면 주의력과 학습 능력이 향상되고
치매 예방에 도움이 된다고 한다.

"제2외국어를 습득하는 일은 평생 건강한 인지 능력을 유지하는 데 상당히 도움이 된다. 두뇌 지도가 보여주듯 언어가 지배하는 뇌 영역은 각기 다른데, 각 영역에서 뉴런들은 바쁘면 잘 성장하고 할 일이 없으면 곧 시들어버린다."[1]

라훌 잔디얼
Rahul Jandial

'이중언어가 뇌 모양을 어떻게 바꾸는가'를 연구한
알베르트 코스타Albert Costa 교수는
이중언어자의 특징에 대해 좀 더 자세하게 설명한다.
그는 자신의 저서 〈언어의 뇌과학〉에서 잔디얼 박사가 소개한
장점 외에도 이중언어자의 몇 가지 특징을 길게 소개했다.

외국어 학습자에 대한 연구 중 인상 깊었던 한 가지는 같은 단어, 같은 문장, 같은 내용이라도 사용된 언어에 따라 감정 반응이 다르게 나타난다는 사실이다. 베를린자유대학교에서는 독일어와 영어를 사용하는 사람에게 각각의 언어로 〈해리포터〉를 읽게 하고, 중립적이거나 감정적인 내용을 읽을 때 뇌 활동을 관찰했다. 당연히 중립적인 내용보다 감정적인 내용을 읽을 때 감정과 관련된 뇌 영역인 편도체가 활성화되었다. 중요한 점은 모국어로 읽을 때만 그랬다는 것이다.

※ 이 실험의 외국어 학습자는 태어날 때부터 제2언어를 모국어처럼 익힌 사람이 아니라 나중에 기술적으로 배우게 된 사람이다.

코스타 교수는 이렇게 썼다. "성인이 되어 배웠거나 사회적으로 거의 사용하지 않고 학문적으로만 배운 외국어는 언어 사용에 따르는 감정 반응을 감소시킨다는 사실을 보여주는 몇 가지 증거를 살펴보았다. 그것을 기술적으로 '똑같이 들리지 않는' 언어라고 했다. 외국어로 하는 비속어나 비난, 해리포터의 마법 주문은 모국어를 할 때처럼 들리지 않는다."²

게다가 인간의 뇌는 같은 내용에 같은 언어라 할지라도 억양에 따라 다르게 판단한다. 같은 주장을 외국인 억양을 가진 사람과 원어민이 할 때, 우리는 후자가 더 신빙성 있다고 믿는 경향이 있다. 다섯 살 아이를 대상으로 실시한 '사귀고 싶은 친구 선택 실험'에서도 외국인 억양 없이 모국어를 사용하는 친구를 가장 선호했다. 심지어 피부색이 다른 경우에도 말이다.

▲ 즉 아이들은 같은 피부에 모국어를 사용하지만 외국인 억양을 가진 아이와, 다른 피부에 모국어를 쓰지만 원어민 억양의 아이 중에 후자를 선호했다.

아파르트헤이트*를 철폐한 공로로 노벨 평화상을 수상한 넬슨 만델라는 이런 말을 남겼다.

상대방이 이해할 수 있는 언어로 말한다면 그 대화는 상대방의 머리로 간다.

상대방의 언어로 말한다면 그 대화는 상대방의 가슴으로 간다.

넬슨 만델라
Nelson Mandela

* 남아프리카 공화국에서 실시했던 인종차별 정책.

인간의 뇌는 언어의 내용만큼이나
언어의 전달 방식에 주의를 기울인다.
어쩌면 내용보다 전달 방식이 더 중요한 것일지도 모르겠단 생각이 든다..
마침 요즘 읽고 있는 소설 <여름은 오래 그곳에 남아>라는
책에서 이런 문장을 발견했다.

"말의 의미 그 자체보다도 소리로서의 목소리가 사람의 마음을 움직이는 게 아닌가?
나는 그렇게 생각하게 되었다."

나도 그렇게 생각하게 되었다.

기억 I

기억나니?

꽤 오래전에 있었던 일이다.
도서관에서 처음 보는 소설을 빌렸는데,
절반쯤 읽다가 섬뜩한 사실을 발견했다.
이 소설은 예전에 읽었던 책이었다!

그때가 언제였는지 어디서 읽었는지는 확실하지 않지만,
당시 망연했던 기분은 지금도 생생하다.
뭐랄까. 마치 머릿속에 붕어빵만 한 구멍이 뚫린 기분이었다.

뜬금없는 이야기지만 나는 붕어빵을 생각하면
18세기 독일 철학자 칸트가 떠오른다.
칸트는 인간에게 선천적인 인식의 '틀'이 있다고 말했는데,
어느 책에서 이 틀을 붕어빵 틀로 비유했기 때문이다.

나는 종종 이런 경험을 한다.
거실에 무언가를 가지러 갔다가, 갑자기 울리는 핸드폰 알림을 확인하고,
바닥에 떨어진 머리카락을 줍고, 눈에 띈 인터넷 기사를 클릭한다.
그리고 이렇게 중얼거리는 것이다.

대체 우리 뇌에서 기억은 어떤 방식으로
이루어지길래 이런 일이 일어나는 걸까?
기억이란 무엇이고, 기억은 어떻게 작동하는 걸까?

기억을 분류하는 방법과 용어는 학자마다 조금씩
차이가 있어서 우리를 혼란스럽게 만든다.
흔히 지속 시간에 따라 단기 기억과 장기 기억으로 나누거나
유형에 따라 크게 서술 기억(명시적 기억)과 암묵적 기억으로 나누는데,
모든 분류를 세세하게 알 필요는 없다.

단기 기억은 말 그대로 30초쯤 지속되는 짧은 기억이다.
예컨대 전화번호를 듣고 메모지에 옮기는 동안
남아있는 기억 같은 것을 말한다.

안타까운 것은 단기 기억 용량이 매우 제한적이라는 사실이다.
그러므로 내가 방금 무엇을 하려고 했는지 까먹는 것은
평범한 인간의 간헐적 숙명이다. 하지만 위로가 되는 진실도 있다.
그 탓에 대부분 인간은 단기 기억 능력이 형편없다.
나만 그런 것이 아니다.

뇌와 기억의 숙명적 관계는 뇌과학 역사에서 가장 유명한 환자인 헨리 몰레이슨Henry Molaison의 비극에서 비롯되었다. 통칭 H.M이라고 일컬어지는 이 환자는 어렸을 때 자전거 사고를 당했고 이로 인해 뇌전증 발작에 시달렸다.

헨리 몰레이슨
Henry Molaison

※ 당시에는 개인정보 보호를 위해 H.M이라는 이니셜로 알려졌었고, 그의 이름은 사망 후 공개되었다.

H.M의 발작은 나이를 먹으면서 악화되었고, 이 때문에 직장마저 그만두게 되었다. 결국 1953년 9월 1일, 그는 미국 외과 의사 윌리엄 스코빌William Scoville에게 뇌 수술을 받게 된다.

스코빌은 용감하게도 H.M의 좌우 측두엽을 과감하게 도려냈다. 잘라낸 부위에는 해마가 포함되어 있었다.

다행히 수술은 성공이었고,
어렸을 때부터 그를 괴롭히던 발작은 크게 줄어들었다.
하지만 그의 인생도 함께 수축되었다.
수술 이후 죽을 때까지 새로운 장기 기억을 전혀 만들 수 없게 된 것이다.

이를테면 이런 식이었다.
그는 수술 이후 몇 년간 거의 매일 만나던 연구자도
항상 처음 보는 사람처럼 느꼈고,
나이를 먹은 자신의 모습에 깜짝 놀라곤 했다.

연구자는 만날 때마다 자신을 소개했고, 매번 그의 상태를 설명했다.
설명을 들은 H.M은 낙담하며 자신의 운명을 받아들였다.
그리고 얼마 후, 이렇게 물었다.

H.M은 오랜 기간 뇌 기능에 관한 연구에 참여했고,
이를 통해 해마가 장기 기억에 핵심적인 역할을 한다는 사실이 밝혀졌다.
우리는 그의 비극을 통해 장기 기억을 형성하고 저장하려면
반드시 해마가 있어야 한다는 사실을 배우게 되었다.

주의해야 할 것은 기억이 해마라는 물리적인
구조물 자체에 저장되는 것은 아니라는 것이다.
해마는 정보를 개개의 기억으로 분류하여 저장하는 역할을 하고,
실제 정보는 뇌의 각 영역에 걸쳐 시냅스에 보관된다.

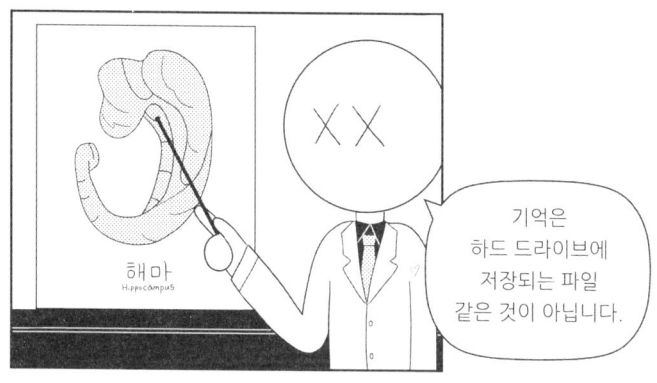

머릿속에 붕어빵을 떠올려보자.
붕어빵을 떠올릴 때 붕어빵과 함께 떠오르는 각기 다른 정보가 있을 것이다.
그것은 냄새나 모양일 수도 있고, 관련 지식이나 사건일 수도 있다.
나의 경우는 대충 아래와 같다.

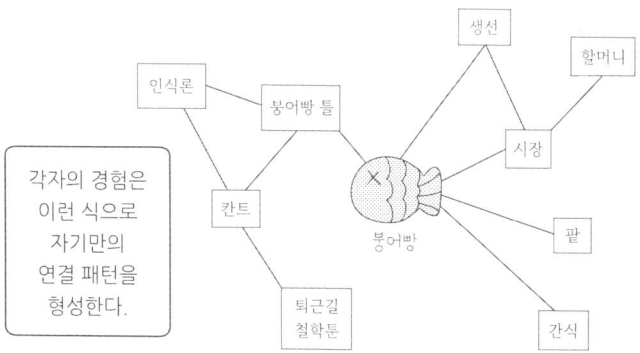

기억에 있는 모든 것은 그것과 연결된 패턴이 뇌 신경망에 새겨져 있다.
그 수많은 패턴 중 관련된 패턴을 선택적으로 활성화하는 과정이 기억이다.
과거 어떤 순간을 기억한다는 것은 모든 정보가 통합된
하나의 동영상 파일을 재생하는 게 아니라 그 순간과 연결된
각각 파일을 따로따로 재생하고, 이를 조립하여 합치는 것에 가깝다.

"예를 들면 감정과 관련한 기억은 편도체에 저장되고, 새로운 단어는 측두엽에 저장되는 식이다. 그 밖에 시각 및 색상과 관련한 기억은 후두엽에 저장되고, 촉각과 움직임은 두정엽에 저장된다."[1]

미치오 카쿠
Michio Kaku

▲ 미국의 물리학자이자 미래학자.

기억은 뇌 속에서 조각조각 흩어져 있고, 시간이 흐를수록 먼지가 쌓인다.
이에 관한 재밌는 실험이 있다.
심리학자 프레더릭 바틀릿 Frederic Bartlett은 피험자에게 아메리카 원주민
이야기를 읽게 하고, 시간이 흐른 뒤 여러 차례 그 이야기를 회상하게 했다.

프레더릭 바틀릿
Frederic Bartlett

이를테면 이야기를 접하고 15분 후 한 번 묻고, 몇 주 뒤 다시 묻고, 몇 달 뒤 또 묻고, 1년 뒤에 찾아가 줄거리를 물었다.

바틀릿은 사람들이 그 이야기를 기억해서 설명할 때마다
반드시 줄거리를 바꾼다는 사실을 발견했다.
피험자들은 이해하기 어렵거나 부적절하다고 생각하는 부분은 빠뜨렸고,
애매한 부분은 말이 되게 바꾸었으며, 새로운 내용을 집어넣었다.

바틀릿은 사람들이 이야기를 바꾸게 되는 이유를 자신이 가지고 있는
'지식의 틀'에 맞춰 이야기를 재구성하기 때문이라고 결론 내렸다.
"어떤 사건에 대한 우리의 기억은 혼합된 정보를 반영한다.
사건이 일어날 당시에 부호화된 것에 지식, 기대, 믿음,
사고방식을 바탕으로 한 추론이 덧붙여진다."[2]

"기억의 적은
시간이 아니라
다른 기억들이다."

"지금 당신의
신경 연결망이
보유한 지식이
과거에 대한 기억을
변화시키기
때문이다."[3]

현재의 경험은 과거의 기억에 몰래 스며든다.
우리 기억은 자신도 모르는 사이 슬그머니 달라진다.
기억은 완전하지도 않고 무결하지도 않다.
하지만 확실하게 떠올릴 수 있는 정확한 기억이라면 어떨까?

나는 지금도 처음에 이야기했던
'읽었던 책인 줄 몰랐다가 불현듯 깨달았을 때의 일'을
말끔하게 기억한다. 세부적인 사항은 흐릿하지만,
이야기의 큰 흐름만큼은 또렷하게 떠올릴 수 있다.

충격이었다.
그날의 진실은 모르고 같은 책을 두 번 읽은 게 아니었다.
모르고 같은 책을 두 권 빌렸던 것이었다.
이제 와서 생각해 보면 비슷한 시기에 겪었던
서로 다른 두 기억이 섞인 게 아닐까 싶다.

이론적으로 100% 정확한 기억이란 없다.
그렇다고 확실히 떠오르는 모든 기억이 거짓은 아닐 것이다.
그렇지만 확실히 떠오르는 어떤 기억은 진실도 아닐 것이다.
확실한 건 무엇일까?
이 두 가지를 구분하는 것은 사실상 불가능하다는 것이다.

기억 II

내가 만약 기억이라면

09

어떤 학자들은 자아란 결국 '서사'라고 주장한다.
사람들은 살면서 경험한 일련의 사건들을 통합하여 자기만의 이야기를 만드는데,
이 이야기가 곧 정체성의 알파이자 오메가란 것이다.

어느 심리학자는 이렇게 말했다.
"그들의 관점에서 자아란 '궁극적으로 이야기들이 짜여
촘촘하게 모여 있는 것에 지나지 않는다.
자아는 자기 자신에 대해 우리가 말하고 들어온 이야기들로 구성되고,
그 이야기들로부터 서서히 펼쳐지며 생겨나는 실체'다."[1]

기억 전문가로 알려진 인지심리학자 엘리자베스 로프터스Elizabeth Loftus는
획기적인 실험으로 기억이 얼마나 말랑말랑한지 증명했다.
그녀는 기억에 대해 이렇게 말한다.

그녀는 한 실험에서 사람들을 두 그룹으로 나누고
자동차 사고를 촬영한 비디오를 보여주었다.
영상을 본 후, 그녀는 같은 내용을 표현만 바꿔 질문했다.

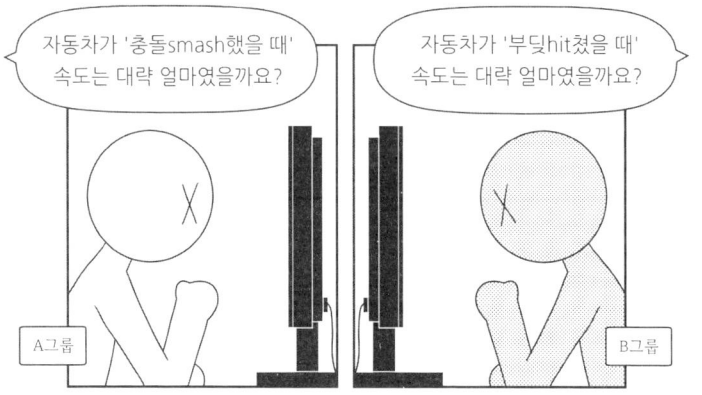

▲ 재미있게도 결과는 A그룹이 추정한 속도가 훨씬 빨랐다.

이보다 흥미로운 것은 다음에 벌어진 일이다.
일주일 뒤, 그녀는 피험자들에게 다시 물었다.
"영상에서 깨진 유리창 조각을 보았나요?"
B그룹보다 A그룹에서 두 배 이상 많은 사람이 보았다고 대답했다.

유사한 실험은 형식을 달리해서 여러 차례 실시되었고,
항상 같은 결과가 나왔다. 실험의 결론은 명백했다.
사람들에게 잘못된 정보를 제공하면 기억은 왜곡되고 바뀔 수 있다.

이에 로프터스 연구팀은 심리 치료에서 힌트를 얻어 대담한 실험을 기획했다.
'어렸을 때 쇼핑몰에서 길을 잃었는데 나이 든 사람이 구해줘서 가족을 찾았다.'라는
꾸며낸 일화를 자전적 기억 속에 집어넣을 수 있는가를 실험한 것이다.

피험자들은 그들이 어린 시절 겪었던 네 가지 에피소드를 듣게 되었다.
이 중 세 가지는 진실이었지만, 나머지 하나는 쇼핑몰에서
미아가 되었던 가짜 에피소드였다. 결과는 흥미로웠다.
피험자의 약 4분의 1이 지어낸 이야기를 자신의 진짜 기억이라고 믿게 된 것이다.

더욱 흥미로운 것은 거짓 기억이 시간이 지나면서 보다 또렷해졌다는 사실이다.
이들은 쇼핑몰 미아 사건에 새로운 사항을 추가하며 기억을 생생히 되살렸다.
이를테면 그때 자신을 도와주었던 어른의 모습이나
당시의 기분 같은 것을 구체적으로 묘사했다.

이러한 실험은 다양한 버전으로 반복되었다.
익사 직전에 안전 요원이 구해준 일, 동물에게 공격받은 일,
놀랍게도 악마에게 홀렸다는 일화까지 거짓 기억으로 심는 데 성공했다.

<아내를 모자로 착각한 남자>로 유명한 신경의학자
올리버 색스Oliver Sacks도 이렇게 말한다.
"일단 하나의 스토리나 기억이 구성되고 생생한 감각적 심상과
강력한 감정이 동반되면, 내적·심리적 방법은 물론
외적·신경학적 방법으로도 진실과 거짓을 구별할 수가 없다."[4]

다시 H.M으로 돌아가 보자.
우리에게 기억에 관해 가장 많은 단서를 제공한 H.M은
인간에게 기억이 존재하는 이유에 대해서도 중요한 실마리를 남겨두었다.
연구자는 H.M에게 이런 질문을 했다.

그는 미래에 관한 질문을 받을 때마다
쉽게 대답하지 못하고 항상 머뭇거렸다.
이후 측두엽 속 해마가 손상되어
기억 장애를 갖게 된 다른 환자들도
미래를 상상해 보라는 질문에 곤란을 겪었다.
이것은 어떻게 된 일일까?

뇌과학자들은 건강한 사람들 뇌를 스캔해 보기로 했다.
놀랍게도 과거 기억을 떠올릴 때 활성화되는 뇌 부위와
미래 경험을 상상할 때 활성화되는 뇌 부위는 거의 일치했다.

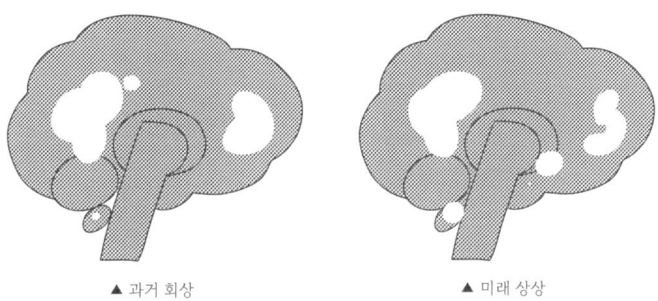

▲ 과거 회상 　　　　　　　▲ 미래 상상

인간은 기억의 조각들을 조립해서 과거를 구축하기도 하지만,
같은 방법으로 미래 사건을 예측하고 가정하기도 한다.
그렇기 때문에 어떤 뇌과학자들은 기억이란
미래를 시뮬레이션하기 위해 존재하는 것으로 생각한다.

"인간이 과거를 생생하게 기억하게 된 이유는
지난날을 되돌아보는 과정이 미래의 가능한 시나리오를
유추하는 데 매우 중요하기 때문이다. 그리고 미래를
내다보는 것은 환경에 적응하는 데 반드시 필요한 능력이다."[5]

인간은 과거를 불러들여 현재를 구성하고 미래를 계획한다.
기억은 인간 정체성을 구성하는 중요한 부분임에 틀림없다.
하지만 그렇다고 해서 기억이 나라는 존재의 전부일까?
나라는 느낌은 오로지 기억에서 비롯되는 것일까?

그렇다면 H.M이나
수많은 알츠하이머
환자에게 자아란 뭐지?

하버드대학교의 어느 뇌과학 교수는 이렇게 말한다.

"알츠하이머병은 당신에게서 '내가 누구인가' 하는 것을 빼앗아 가죠. (...)
이 병이 일단 들어오면 하루하루 살아오면서 축적한 모든 기억과
가치관, 이 세상과 가족, 사회에 대한 것들의 연결고리가 삭제돼요.
'인간으로서 내가 누구인가'를 사실상 규정하는 경계를 뜯어내 버리죠."[6]

10년 이상 치매 환자를 관찰해 온 과학자 피아 콘토스 Pia Contos는
한 알츠하이머 환자의 사례를 들어 다른 이야기를 한다.
그 환자는 인지 기능이 손상되어 말을 할 수 없는 할머니였다.
그녀는 언제나 휠체어에서 생활했고, 요실금 증상이 있었다.

식사를 할 때도 간호사가 도와주어야 먹을 수 있었다.

간호사는 환자 옷이 더러워지지 않게 하기 위해 턱받이를 채웠다.
그러자 할머니는 걸고 있던 진주 목걸이를 잡아당겨 목걸이가 잘 보이도록
턱받이 위로 올렸다. 콘토스는 말한다.

인간의 기억은 생각보다 미덥지 못하다.
만약 기억이 나의 전부라면 우리의 자아는 흔들리면서
지워지고 마는 불안정한 무엇일 뿐이다.

어떤 철학자도 비슷한 이야기를 했었다.
그 철학자 이야기로 이번 챕터를 마무리 지으려고 했는데,
유감스럽지만 아슬아슬하게 기억나지 않는다.

정리해서 마무리하자면 이런 이야기다.
음.
……
무슨 이야기를 하려고 그랬더라?

시각

우리는 같은 세상에 살고 있을까

10

2015년 어느 스코틀랜드 가수가 SNS에 올린
드레스 사진이 화제가 된 적이 있었다.
사진에 찍힌 드레스 색을 두고 흰색-금색으로 보는 사람과
파랑-검정으로 보는 사람이 나뉘면서 논란이 벌어진 것이다.

[그림 1] Caitlin McNeil Tumblr blog

어째서 같은 사진인데도 사람마다 다르게 보였을까?
그 이유는 인간 뇌가 작동하는 기묘한 방식 때문이다.

우리는 우리가 보는 세상을 있는
그대로의 객관적 세상이라 여기며 살아간다.
내 눈에 드레스가 파랑-검정으로 보인다면,
저 드레스는 실제로도 파랑-검정이라고 생각한다.

1995년 미국 MIT의 에드워드 아델슨Edward Adelson 교수는
아래에 있는 썰렁한 이미지 한 장을 제시했다.
그러나 덧붙여진 설명은 충격이었다.
이 이미지에서 A와 B의 밝기는 같다.

[그림 2] Edward H. Adelson, "Checker shadow Illusion" (1995)

다른 이미지를 보자.
아래 이미지에서 A는 볼록하게 보이고, B는 오목하게 보인다.
그러나 B는 A를 180도로 뒤집은 이미지에 불과하다.
우리는 같은 이미지라도 보는 방향에 따라 다르게 인지한다.

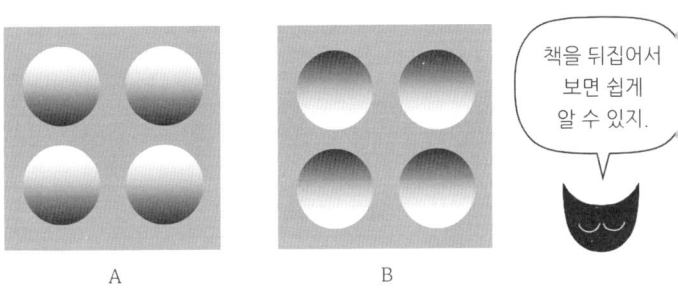

책을 뒤집어서 보면 쉽게 알 수 있지.

A   B

이 밖에도 인간의 착시를 증명하는 이미지는 수두룩하게 있다.
이런 현상은 왜 벌어지는 것일까? 답은 심플하다.
인간에게 입력되는 모든 감각 정보는 뇌의 해석을 거쳐 인식되기 때문이다.

시각 정보뿐 아니라, 다른 감각 정보도 마찬가지입니다.

사실 본다는 것은 생각보다 복잡하며 그만큼 어려운 일이다.
보통 사람이 일반적으로 받아들이는 감각 정보의 70~80%가
시각 정보이며, 대뇌 피질의 약 3분의 1이
시각 정보를 처리하고 해석하는 데 사용된다.

보는 것은 너무 자연스럽고 평범한 일이라 쉬운 일처럼 느껴지는데 말이지.

뇌에서 시각 피질은 눈에서 가장 멀리 떨어진
뒤통수 쪽 후두엽에 자리 잡고 있다.
눈에 들어오는 정보는 통합된 하나의 동영상 파일처럼 느껴진다.
하지만 실제 시각 영역은 수십 가지 작은 영역으로 나누어져 있다.

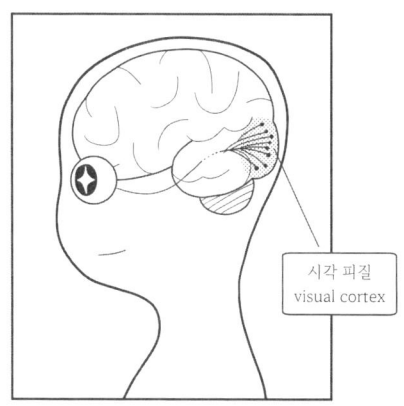

시각 피질
visual cortex

우리가 눈으로 본 하나의 장면은 뇌의 각 영역에서
형태, 색, 움직임, 입체감 등 수십 개의 요소로 분리되어 분석된다.
예를 들어 색에 관여하는 부위가 망가지면
세상이 흑백으로 보이는 식이다.

이러한 영역은 크게 두 부분으로 나누어진다.
뇌의 윗부분은 주로 위치나 움직임, 공간적인 정보를 분석하고,
아랫부분은 색, 모양, 형태 같은 정보를 처리하는 것으로 알려져 있다.

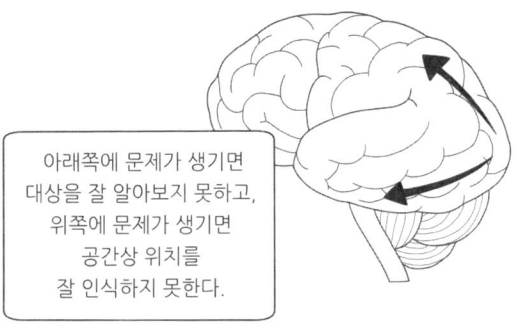

뇌는 음침하고 답답한 두개골 안에서 평생을 보낸다.
보고, 듣고, 냄새를 맡고, 감촉을 느끼고,
맛을 보는 일은 뇌가 직접 하는 일이 아니다.
뇌는 단지 눈이나 코 같은 감각 기관을 통해 들어오는
신호를 적절히 해석하어 우리에게 제공할 뿐이다.

드레스 색 논쟁으로 돌아가 보자. 우선 빨간 사과가 있다고 하자.
사과의 빨간색은 밤에 보았을 때와 낮에 보았을 때,
백열등 아래에서 보았을 때와 형광등 아래에서 보았을 때,
빛의 파장이나 명도, 채도 등이 달라진다.
그러나 뇌는 늘 같은 빨강으로 인식하는데 이를 색채 항상성이라고 부른다.

뇌는 평범한 사과처럼 자주 보았던 사물이라면
빛의 특성을 고려해서 색채 항상성을 발휘한다.
하지만 처음 보는 물건처럼 정보가 부족한 이미지라면
각자 기억이나 경험에 의존해서 적절한 판단을 내리게 된다.

아! 그러니까 드레스 색 논란은 각자의 뇌가 사진 속의 조명과 실내 환경을 다르게 추측해서 벌어진 일이었구나.

체커 그림자 이미지에서 착시가 생기는 까닭도
뇌가 그동안의 앎과 경험을 바탕으로 먼저 추론하기 때문이다.
우리는 그림자 속에 있는 물체가 원래보다 더 어둡게 보인다는 것을 안다.

즉, 먼저 뇌는 그림에서 B가 원래보다 더 어둡게 보이는 것으로 판단한다.

여기서 뇌는 이렇게 생각한다.
'A와 B의 밝기가 같아 보인다는 것은 원래의 B의 밝기가
A보다 밝아야만 가능하다. 따라서 A보다 B가 더 밝다.'
뇌의 최종 해석에 따라 우리는 B를 더 밝게 인식한다.

그림 C도 마찬가지다. 같은 그림을 180도로 돌려놓았을 뿐인데
다르게 느끼는 이유는 그림자의 방향 때문이다.
보통 하늘에 있는 태양은 볼록한 물체의 아래쪽에 그림자를 만들고,
움푹 파인 물체는 위쪽에 그림자를 만든다.

이와 관련된 가장 극적인 사례는 40여 년 동안 시각을 잃었다가
수술을 통해 시력을 되찾은 한 남자 이야기다. 그는 눈으로
볼 수 있게 되었지만 2차원과 3차원의 물체를 잘 구별하지 못했고,
눈에 보이는 크고 어두운 형체가 바위인지 그림자인지 파악하는 일도 어려워했다.

"그의 사례는 '보는 법'을 이해하는 데 있어 이러한 과정이 얼마나 어려운지,
그리고 얼마나 중요한지 보여준다. 또한 뇌가 정보를 처리할 때
얼마나 보이지 않는 가정들이 필요한지 말해준다."[1]

우리는 외부 세계를 바라볼 때, 눈에서 비롯된 감각을 받아들이기 전에
이미 머릿속에 들어있는 내부 모델internal model을 투영하기 시작한다.
이 말인즉 내가 보고 있는 외부 세계는 자기만의 내부 모델이라는
색안경을 통해 보정된 세상이라는 뜻이다.

보통 우리 눈은 있는 그대로의
객관적 세계를 100% 정확하게
인식한다고 생각하지만
사실 그건 환상이지.

실제로 눈으로 들어오는 감각은 시상이라는 부위를 거쳐
뒤쪽 시각 피질로 전달되고, 외부 세계에 대한 예측을 만들어내는
내부 모델은 뒤쪽에 있는 시각 피질에서 시상으로 전달된다.
흥미로운 점은 시각 피질에서 시상으로 들어가는 정보량이
시상에서 시각 피질로 들어가는 정보량보다 몇 배나 많다는 사실이다.

뇌과학은 있는 그대로의 실제 객관적인 세계와
자신이 뇌로 인지하는 세상을 구별한다.
뇌과학적으로 엄밀히 말하면 우리는 모두
서로 다른 세계를 살고 있는 셈이다.

이처럼 감각을 통해 받아들인 정보를 저마다 주관적으로 느끼는 현상을
고상한 말로 퀄리아Qualia라고 부른다. 퀄리아는 직접 관찰할 수도
측정할 수도 없기에, 내가 느끼는 세상과 다른 사람이 느끼는 세상이
정확히 어떻게 다른지 아무도 모른다.

고양이는 인간보다 색을 분별하는 능력이 떨어지기에
우리가 보는 색을 다르게 인식한다. 또한 외계인은
우리가 빨강이라고 느끼는 색을 파랗게 느낄 수도 있다.
우리 뇌는 빛의 파장에 따라 색을 다르게 보는데
파장이 길면 빨갛게 보고 파장이 짧으면 파랗게 본다.

우리가 보는 물리적 세상이 다르다면,
추상적 개념에 대한 인식은 얼마나 다를까?
뇌과학자 김대식은 자신의 저서에 이렇게 적기도 했다.

"시각적 착시는 단지 빙산의 일각이다. 현대 뇌과학에서는 우리 인간이 가지고 있는 대부분의 믿음, 사상, 의견, 신념, 생각, 감각이 어쩌면 세상에 대한 뇌의 착시적 해석일 수도 있다고 말한다."[4]

뇌는 결코 나에게 있는 그대로의 객관적 세계를 보여주지 않는다.
본다는 것은 주어진 감각 신호를 바탕으로 자기 경험과 믿음에 꿰맞춘
뇌의 주관적 해석에 불과하다. 그렇기 때문에 나의 세계와
너의 세계의 다름은 슬퍼하거나 노여워할 일이 아니라
받아들이고 존중해야 하는 일일지도 모르겠다.

그럼에도 내가 보는 세상이 옳다고 어떻게 확신할 수 있을까.

자유의지

내 삶의 진짜 주인은 누구일까

11

오늘은 오전 11시에 일어났다.
습관처럼 메신저와 이메일을 확인하고, 평소처럼 샐러드를 먹었다.
설거지는 저녁으로 미뤄두고 길게 빈둥거리다 짧게 책을 읽었다.
오후 1시 무렵 책을 닫고 컴퓨터를 열었다.
지금 쓰고 있는 이 원고를 써야 하기 때문이다.

나에게 언제 일어나 몇 시에 무엇을 하라고 강요한 사람은 아무도 없었다.
내가 한 말과 행동이 무엇이었든 나는 나 자신의 의지로
움직이고 생각하고 선택했다. 즉 나는 스스로의 자유의지로 행동했다.

대부분 사람들은 인간의 자유의지를 당연하게 받아들인다.
우리의 경험과 직관에 빈틈없이, 아주 꼭 들어맞기 때문이다.
그런데 그게, 그러니까 그게,
그렇지 않을지도 모르겠다.

자유의지는 전통적으로 철학 또는 종교와 어울리는 주제였다.
하지만 지금은 뇌과학에서도 이 문제를 진지하게 고민하게 되었는데,
이는 1980년대에 실시된 신경과학자 벤저민 리벳Benjamin Libet의
놀라운 실험 때문이었다. 실험 내용은 단순했다.
피험자는 시계를 쳐다보다가 자신이 원할 때 손가락을 움직여
버튼을 누르기만 하면 되었고, 리벳은 뇌파검사(EEG)로 피험자의 뇌 활동을 기록했다.

실험 결과를 이야기하기 전에, 실험 참가자의
행동 메커니즘을 상식적으로 정리해 보면 다음과 같다.
1. 버튼을 누르려는 의지가 생긴다.
2. 뇌에서 전기 신호가 발생한다.
3. 손가락을 움직여 버튼을 누른다.
뻔하지 않은가?

그런데 예상하지 못한 결과가 나왔다.
피험자가 의식적으로 손가락을 움직이겠다는 의지가 나타나기 전,
이미 손가락 움직임과 관련된 뇌 활동이 관찰된 것이다.
이른바 '준비전위readiness potential'라는 뇌의 전기 활동으로,
이 신호는 피험자가 손가락을 움직이겠다고 마음먹기 수백 밀리초 전에 발생했다.

리벳은 터무니없는 결과를 두고 이후 여러 해 동안 수십 차례
비슷한 실험을 반복했다. 하지만 결과 역시 반복되었다. 의지가 생기기 이전에
이미 관련된 뇌 활동이 발생했다는 것은 무슨 의미일까?

"리벳 연구팀은 손가락을 움직이겠다는
결정에 대한 의식적인 감각은
이미 신경계가 내린 결정을
깨닫는 과정일 뿐이라고 주장했다."[1]

리벳의 주장을 조금 더 쉽게 설명하면, '나의 의지와 무관하게 신경계가
내린 결정을 내가 의식적으로 결정했다고 믿게 되었다.'라는 이야기다.
다시 말해 다른 요인으로 촉발된 행동인데도 나의 뇌는
내가 원해서 한 행동으로 해석하게 되었다는 뜻이기도 하다.
이런 일이 정말 가능한 것일까?

이와 관련하여 흥미로운 실험이 있다. 하버드 대학
알바로 파스쿠알-레오네Albaro Pascual-Leone 교수는 피험자에게,
스크린이 녹색으로 바뀌면 피험자가 원하는 손을 들라고 요구했다.
이 실험에서 재치 있는 부분은 연구진이 몰래 자기장의 변화를 통해
뇌를 자극하는 경두개 자기 자극술transcranial magnetic stimulation (TMS)을
이용하여 피험자의 행동을 유도했다는 것이다.

예를 들어 TMS로
좌반구 운동피질을 자극하면
피험자는 아무 자극도
가하지 않은 대조군에 비해
오른손을 들 확률이 높아진다.

그렇다면 TMS로 특정 손을 들어 올리도록 유도하고,
실제로 피험자가 그 손을 들어 올렸을 때 피험자는 어떻게 느꼈을까?
흥미롭게도 연구진이 뇌를 자극하여 선택을 조작했음에도,
피험자는 자신의 자유의지로 결정했다고 느꼈다.

"자신의 뇌 속 활동이 무엇에 의해 일어나든 간에,
피험자는 마치 그 활동이 자신의 자유로운
선택에 의해 일어나기라도 한 것처럼
그 활동의 결정권자로 자처했다." [2]

제2장에서 언급한 로저 스페리와 마이크 가자니가의 분리 뇌 환자 실험을 기억하는가?
좌뇌와 우뇌를 연결하는 뇌량이 끊어지면, 좌뇌와 우뇌는 각각 독립된 의지를 따로 갖게 된다.
이러한 상태에서 우뇌만 볼 수 있게 '손을 드시오.'라는 명령어를 제시하면 환자는 손을 든다.
이때 환자에게 왜 팔을 들었냐고 물어보면, 언어를 관장하는 좌뇌는
그럴싸한 대답을 지어내어 자기 행동을 합리화한다.

리벳의 기이한 실험은 후속 연구로 이어졌다.
2008년에는 뇌과학자 존 딜런 헤인즈John-Dylan Haynes의 논문이 발표되었다.
연구팀은 무작위 알파벳이 나오는 화면을 띄운 후 피험자에게
오른쪽 또는 왼쪽에 있는 버튼을 누르고 싶을 때 누르게 했고,
이때 피험자의 뇌 활동은 fMRI*를 통해 관찰되었다.
리벳의 실험과 마찬가지로 버튼을 누르겠다고 결정하기 전에
뉴런의 활성화가 감지되었는데, 놀라운 것은 이번에는 수백 밀리초 전이 아니라
최대 10초 전에 뇌의 활동이 검출되었다는 것이다.

*자기공명영상. 뇌의 혈류 변화를 감지하여 뇌 활동을 측정하는 장치.

2011년, 이차크 프리드Itzhak Fried도 유사한 실험을 했다.
그는 뇌에 전극을 직접 이식하여 뇌 활성화를 측정하였는데,
피험자가 의지를 갖기 약 700밀리초 전 뇌 활동을 통해
피험자의 선택을 약 80% 정확도로 예측할 수 있었다.

이야기를 좀 더 밀고 나가기 전에, 과연 자유의지란 무엇인지 생각해 보자.
쉽게 생각하면 내 마음대로 자신의 선택과 행동을 결정할 수 있는 능력이다.
더 엄밀히 정의하면 자유의지란 환경이나 배경 같은 외부 요소
영향을 받지 않고 나의 의지를 통해 스스로를 제어할 수 있는 힘이다.

우리는 자기 주변 환경과 맥락이 내 사고와 행동에 영향을 끼칠 수 있다고 생각한다. 만약 내가 엄격한 의미에서 완전한 자유의지를 갖고 있다면 나에게 영향을 주는 모든 요인을 파악하고 있어야 하고, 그 모든 요인을 완전하게 통제할 수 있어야 할 것이다. 하지만 국가, 인종, 성별, 가정 환경, 유전자 그리고 생물학적으로 내장된 프로그램 (뇌의 시냅스 가지치기, 사춘기 시절의 미숙한 전두엽) 등 나의 삶에 영향을 미치는 어떤 원인도 내가 직접 선택할 수는 없다.

저녁 메뉴를 선택한다거나 지금 읽고 있던 이 책을 덮고 커피를 타러 가는 등의 행동을 내키는 대로 할 수 있다는 것은 어떤 의미일까? 맨몸으로 하늘을 날 수는 없지만, 적어도 현실적으로 가능한 행동을 원하는 타이밍에 원하는 만큼 할 수 있다는 것은 제한적이지만 부분적인 자유의지를 뜻하는 건 아닐까?

뇌과학자들은 당신의 행동과 결정에 대해 이렇게 말한다.

"이런 선택들은 기존의 경험과 세상에 대한 인간의 지각 사이의 무한한 상호작용으로부터 정보를 받아 이루어진다."[4]

"뇌는 당신의 과거 경험과 현재 상황을 기반으로 다음에 이루어질 일련의 행동을 개시하며, 이러한 일들은 당신의 인식 없이 이루어진다."[5]

"당신이 어떤 행동을 하기로 결정하는 순간 따위는 결코 존재하지 않는다. 왜냐하면 뇌의 모든 뉴런 각각은 다른 뉴런들에 의해 조종되기 때문이다. (......) 당신의 결정은 과거와 연결되어 있다. 몇 초 전, 몇 분 전, 며칠 전. 심지어 지금까지의 삶 전체와 말이다."[6]

"무의식적인 신경중추의 사건들이 우리의 사고와 행위를 결정하며, 그 사건들 자체도 우리가 주관적으로 의식하지 못하는 앞선 원인들에 의해 결정된다는 것을 안다."[7]

그러니까 지금 내가 내린 결정은 그 전에 있었던 일이 원인이고, 그 전에 있었던 일은 더 오래전에 있었던 일이 원인이고... 이렇게 계속 소급해서 추적하면 최초의 원인으로부터 인과적으로 이어져 지금의 행동이 결정되었다는 뜻이잖아?

신경과학 박사 한나 크리츨로우Hannah Critchlow는 자신의 저서 〈운명의 과학〉을 통해 자유의지를 다루면서 성격, 위기에 반응하는 방식, 사랑, 위험, 사후세계에 대한 태도 등과 같이 추상적 의견이나 성격적 특성도 우리가 의식적으로 통제할 수 있는 부분이 아니라 선천적 산물이라고 말한다. 하지만 그렇다고 그녀가 기계론적 결정론을 주장하고자 하는 것은 아니다. 그녀가 말하는 뇌과학적 운명이란 "태어나기 전에 구축된 방식 때문에, 그리고 평생에 걸쳐 뇌의 작동 방식에 영향을 미치는 유전 때문에 어떤 결정을 내리기 쉬운 성향"을 갖게 된다는 뜻으로, "도달할 가능성이 압도적으로 높은 종착지"를 의미한다.

그래도 그녀는 이 책에서 잠재적으로 운명을 바꿔놓을 수 있다고 말했어. 최소한의 자유의지가 드나들 수 있는 뒷문을 살짝 열어놓은 셈이지.

그녀와 달리 좀 더 급진적인 주장을 하는 뇌과학자들도 있다. 대표적으로 미국의 신경과학자 샘 해리스Sam Harris는 자유의지란 결단코 환상이라고 단언한다. 그는 자신의 저서 〈자유의지는 없다〉에서 끔찍한 범행을 저지른 범죄자를 언급하는데, 만약 해리스 자신이 그 범죄자와 완벽하게 동일한 유전자, 경험, 뇌를 가지고 있었다면 그 역시 그대로 행동했을 것이라고 말한다.

"만약 대통령을 총으로 살해하려는 한 남자의 선택이 신경 활동의 특정한 패턴에 의해 결정된다면, 그리고 이 또한 앞선 원인들의 산물로서―아마도 나쁜 유전자, 불행한 유년기, 불면, 방사선 피폭 등이 불운하게 동시에 발생하는 바람에―발생한다면, 자신의 의지가 '자유롭다'고 감히 말할 수 있는가?"[8]

샘 해리스
Sam Harris

자유의지 문제는 함부로 속단하기 어려운 문제이며
지금까지도 매듭을 짓지 못한 논란거리이다.
모든 뇌과학자가 자유의지를 부정하는 것은 아니지만,
많은 뇌과학자들이 자유의지란 매우 제한되어 있거나
아예 존재하지 않는다고 생각한다.
물론 뇌과학자들만 이런 생각을 하는 건 아니다.

심리학자 대니얼 카너먼*도
인간이 내리는 결정의 상당수는
무의식 수준에서 자동으로
행해진다고 말했었지.

* 심리학자이자 경제학자. 2002년 노벨 경제학상 수상.

스타 물리학자 브라이언 그린Brian Greene도
인간의 자유의지에 의문을 제기하며 이렇게 말한다.

"우리가 내리는 모든 선택은 두뇌를 가로지르는 입자들이 낳은 결과이며, 우리의 행동은 몸을 구성하는 입자들이 이리저리 움직이면서 나타난 결과다. (…) 오늘 입자의 상태는 어제 입자의 상태에 기초하여 방정식을 통해 결정되며, (…) 엄밀하게 따지면 이 결정론적 우주의 출발점인 빅뱅까지 거슬러 올라간다.

모든 입자는 빅뱅과 함께 탄생했고, 타협의 여지가 전혀 없는 물리 법칙이 입자의 거동을 지배하면서 모든 만물의 구조와 기능이 결정되었다. 우리의 개성과 가치, 그리고 자존감은 우리 스스로 만들어낸 것 같지만, 이 모든 것이 타협을 모르는 물리 법칙이 낳은 결과라면 자유의지는 발 디딜 곳이 없어진다."[9]

브라이언 그린
Brian Greene

뇌과학에서 말하는 자유의지는 종교적 운명론이나 철학적 결정론과는 다르다.
뇌과학은 그래서 언젠가 인간의 행동을 예측할 수 있다고 주장하지도 않는다.
그렇다면 결론은 무엇인가?

어떤 이는 제한된 자유 안에서 할 수 있는 일을 말하고, 누군가는 자유의지란 환상이라고 이야기하고.

다만 확실한 것은 우리는 우리가 생각하는 것만큼 자유로운 존재가 아니라는 것이지.

자유의지는 정말 환상이며 허구에 불과한 걸까?
유발 하라리Yuval Harari 교수는 자신의 스테디셀러 <사피엔스>에 이렇게 적었다.
"인간은 인지혁명을 통해 실제로 존재하지 않는 허구에 대해 말할 수 있게 되었고
덕분에 엄청나게 많은 낯선 사람들끼리 뭉쳐 협력하게 되었다."

자유의지는 존재할까?
존재한다면 어느 정도 있을까? 사실 잘 모르겠다.
그렇지만 내가 자유의지를 가졌다는 의식적인 감각만큼은
또렷하게 존재하는 것 같다. 이 감각은 착각일까?
만약 그렇다면 내 인생은 무엇일까?
나는 이 물음 앞에서 한참을 망설이게 될 것이고,
계속해서 머뭇거릴 것 같다.

통증
♦
인생의 아이러니

12

삶에서 통증만큼 괴로운 것도 없다.
어떤 통증은 세계가 사라지는 경험이다.
어디가 아프면 이 세상에 오직 통증만 존재하는 것처럼 느껴진다.

아플 때만큼 자신의 존재를 선명하게 실감하는 순간도 드물다.
내가 존재하지 않는다면 아픔도 느낄 수 없기 때문이다.
통증은 아픔을 느끼는 주체인 나 자신을 뚜렷하게 의식하게 만든다.

그렇다고 통증이 존재하는 이유가 자신이
살아있음을 느껴보기 위함은 아닐 것이다.
그런 것이 아니라면 대체 통증은 왜 있는 것일까?
인간이 아픔과 고통을 느끼는 이유는 무엇일까?

모든 통증은 주관적인 경험이다.
우리는 언어 표현의 한계로 아픔의 느낌이나
정도를 객관적으로 표현할 수 없다.
그분만 아니라 아픔을 호소하는 방식도 저마다 다르다.

〈바디 : 우리 몸 안내서〉라는 책에서는
통증을 이렇게 설명한다.

국제통증연구협회는 통증을 "실제 또는 잠재적 조직 손상과 관련된,
또는 그런 손상에 관해서 기술할 때의 불쾌한 감각적이며 감정적인 경험"
이라고 요약한다. 즉 직설적으로나 비유적으로 아프게 하거나,
아프게 할 수 있거나, 아프게 할 것처럼 들리거나
아프게 할 것처럼 느껴지는 모든 것을 가리킨다.[1]

축구 중 상대편 선수 발에 차이거나 연애 중 연인에게 차였을 때
그 모든 아픔은 뇌가 인식하는 감각이다.
어떤 끔찍한 사건을 겪는다고 해도
뇌에 신호가 전달되지 않으면 통증은 없다.

뇌는 피부에 입력되는 감각을 아주 섬세하게 감지한다.
인간의 뇌는 1°C의 온도 차와 0.1mm보다 작은 두께 차이를 구분할 수 있다.
그러나 신체의 모든 부위가 같은 민감도를 지닌 것은 아니다.

캐나다 신경외과 의사였던 와일더 펜필드Wilder Penfield는
뇌 수술을 받고 있던 환자에게 전기 자극을 가해,
신체 부위마다 담당하는 뇌 부위 크기가 다르다는 것을 발견했다.
펜필드는 이를 그림으로 남겼고 '호문쿨루스'라고 불렀는데,
이 비율을 바탕으로 인간 모형으로 만든 그림이 아래와 같은 모습이다.

※ 펜필드는 운동 영역과 감각 영역을 나누어서 그렸는데,
이 그림은 감각 영역을 바탕으로 그린 그림이다.
(운동 영역 모형도 비슷하게 생겼다.)

호문클루스 모형을 보면 각 신체 부위 민감도를 크기로 짐작할 수 있다.
입술과 혀는 뇌의 감각 영역 중에 가장 넓은 부위를 차지하기에
가장 크게 표현되어 있다. 그래서 어떤 연구자들은
아기가 물건을 입에 넣으려 하고, 성인이 키스를 하는 것도
이러한 까닭이라고 추측한다.

통증을 전혀 느끼지 못하는 경우도 있을까?
특수한 유전병을 가진 어떤 환자들은 온도 차이와 통증을 느끼지 못한다.
한겨울에 보일러를 틀지 않아도 춥지 않고
문지방에 발가락을 찧어도 안 아프다는 이야기다.

이들은 뜨거운 냄비를 잡을 때 온도를 느끼지 못해 얼른 손을 떼지 못하고, 신발에 유리 조각이 들어가도 아픔을 느끼지 못해 얼른 발을 빼지 못한다. 위협적인 자극에 신속히 대처하지 못한다면 추가 부상 위험은 높아지고 그만큼 생존 확률은 떨어진다.

인간에게 통증이 있는 이유는 화상을 입기 전에 손을 떼야 하기 때문이고, 발이 상처투성이가 되기 전에 유리 조각을 제거해야 하기 때문이다. 통증은 몸과 마음에 이상이 생겼음을 알려주고, 더 큰 위험을 경고하는 파수꾼이다.

통증은 잠재적으로 생명을 위협할 수도 있는 위험으로부터
나를 지켜주는 수단이지만, 기이하게 작동하기도 한다.
뇌는 내부의 장기에 이상이 발생하면 엉뚱하게도
이상이 생긴 장기와 신경을 공유하는 다른 부위에 통증을 일으킨다.

연관통 사례는 다양한데 예를 들어 심장에 이상이 생기면
심장과 같은 신경을 공유하는 부위인 팔에 통증이 나타난다.
만약 왼팔이 아프고 왼팔에 특별한 이상이 없다면
그것은 심장 질환일 수도 있다는 이야기다.

정상적인 통증에는 명백한 메시지가 있다.
무언가 이상하니까 피하거나 고쳐라!
그러나 무의미한 통증도 있다.
대표적으로 무언가가 잘못되어 수개월 이상 지속되는
만성통증의 경우에는 어떤 기능도 없다.

"만성통증은 그 자체로 질병이다. 환자가 급성통증의 원인을 치료하지 못해서 중추신경계가 망가져 몸의 경보 체계가 '켜진' 상태로 계속 머물러 있는 것이다."[3]

가장 이해하기 어려운 통증은 환상통 phantom pain이다.
환상통은 사고나 절단 수술로 물리적으로 존재하지 않는
신체 부위에서 통증을 느끼는 현상을 말한다.
왜 그런지 정확히 설명할 수 있는 사람은 아무도 없다.

있지도 않은 팔이나 다리가 아프다고?

환상통의 원인을 설명하는 여러 가설이 있다.
한 이론에 따르면 실제 사라진 부위는 눈에 보이지 않지만,
뇌는 사라진 부위가 존재한다고 느끼는 탓에 빚어지는 오류라고 한다.
이러한 경우 아래 그림과 같은 거울 요법이라는
단순한 방법으로 환상통을 치료한 사례도 있다.

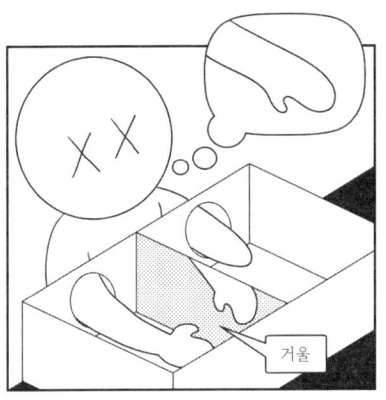

신경과학자 빌라야누르 라마찬드란Vilayanur S. Ramachandran은
멀쩡한 팔을 거울로 반사하여 사라진 한쪽 팔이 있는 것처럼
보이게 만드는 장치를 고안했다. 환자는 이것이 거울을 이용한
착시라는 것을 알았지만, 없어진 팔이 명령에 따라 움직이는 것을
시각적으로 확인하자 환상통이 사라졌다고 한다.

빌라야누르 라마찬드란
Vilayanur S. Ramachandran

통증 메커니즘에서 더욱 신기한 것은 뇌는 동일한 자극이라 할지라도
맥락과 상황에 따라 다르게 반응한다는 사실이다.
육체적으로나 정신적으로 심각한 고통을 경험할 때
우리 몸은 엔도르핀이라는 천연 진통제를 분비한다.
가령 치열한 전투 중 어떤 군인은 심각한 상처를 입어도 아픔을 느끼지 못한다.

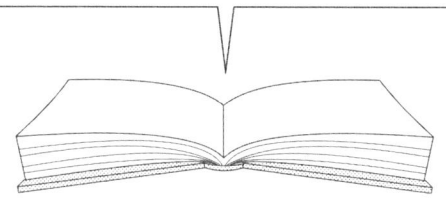

이미 입은 상처의 증상이 악화되지 않도록 몸을 보호하는 것보다
몸이 계속 움직일 수 있는 상태가 더 중요하다고 뇌가 판단할 때
(아마도 지속적인 위험으로부터 도망가야 하는 상황일 때),
엔도르핀은 뇌의 그러한 결정에 따라 통증을 경감시키는 것으로 보인다.[4]

이런 사례도 있다.
공사 현장에서 한 인부의 신발에 긴 못이 박힌 사고가 있었다.
병원에서는 환자가 너무 아파서 마약성 진통제와 신경안정제를
투여해야만 했는데, 신발을 벗겨보니 못은 발가락 사이를
통과한 상태였고 발에는 아무 이상도 없었다.

우리는 통증을
느낄 것이라고
예상할 때, 실제로
그 통증을 느낀다.[5]

뇌는 진짜
신기하게
작동하는
구나.

또한 기대와 믿음이 뇌의 물리적 변화를 일으키기도 한다.
흔한 예로 플라세보 효과placebo effect를 들 수 있다.
가짜 약을 주면서 통증이 완화될 것이라고 말하면 실제로 나아진다.

뇌는 없는 통증을 만들기도 하고, 있는 통증을 무시하기도 한다.
통증은 수수께끼와 역설로 가득하다.
너무 싫지만, 그렇다고 없으면 곤란하다.

기이한 것은 어떤 통증은 운동 후 근육통처럼
기분 좋은 느낌을 주기도 한다는 것이다.
소크라테스는 통증과 쾌락의 관계는 기묘해서,
어느 한쪽을 붙잡으면 다른 한쪽도 따라온다고 생각했다.

인생이 아이러니라면 삶에서 통증이란 무엇일까?
어쩐지 나에게 통증은 삶의 아이러니를
드러내는 신비로운 메타포처럼 느껴진다.
아마 인생은 고통이라고 주장했던 철학자
쇼펜하우어라면 그렇게 생각하지 않았을까?

감정

多感, 하소서

13

보통 우리는 감정을 합리적인 판단을 방해하는 거추장스러운 장애물로 여기거나, 이성의 통제가 필요한 천덕꾸러기라고 생각한다. 그래서인지 감정에 휘둘리는 사람보다 이성적으로 행동하는 사람이 더 멋있고, 더 어른스럽고, 더 훌륭한 것처럼 느껴진다.

20세기 뇌과학에서도 맥클린의 삼위일체 뇌 가설이 유행하면서, 진화적으로 나중에 생긴 신피질이 고등한 이성을 담당하고 그보다 먼저 생긴 변연계는 감정처럼 하등한 기능을 담당한다고 믿기도 했다.

현대 뇌과학에서는 특정한 뇌 부위나 기능에 우열이 있다고 보지 않는다.
그뿐만 아니라 변연계에서도 이성적인 기능을 처리한다는 사실이 밝혀졌는데,
일례로 기억과 학습에 막대한 역할을 담당하는 해마가 바로 변연계에 있다.

감정은 이성보다 고등한 것도 아니고 열등한 것도 아니다.
무엇보다 감정과 이성의 관계는 대립하는 반대 개념으로 파악하기보다
일종의 파트너로 봐야 한다.

몇 차례 이야기했듯이 뇌의 특정 부위가 정확히 한 가지 기능만을 수행하진 않는다.
오직 이성에만 관여하거나 오로지 감정만을 담당하는 뇌 부위는 없다.

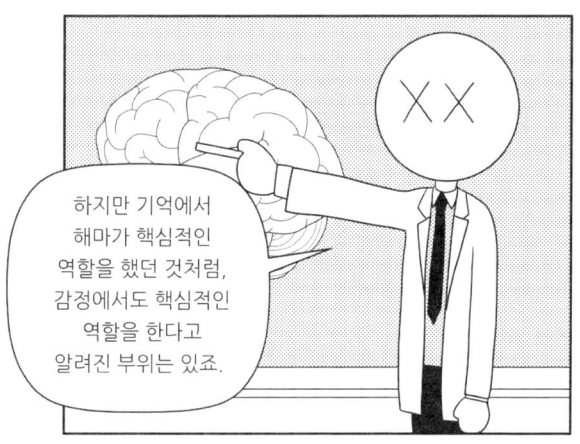

하지만 기억에서 해마가 핵심적인 역할을 했던 것처럼, 감정에서도 핵심적인 역할을 한다고 알려진 부위는 있죠.

'편도체Amygdala'는 아몬드 모양의 작은 구조물로
측두엽 안쪽 해마 끝부분에 자리 잡고 있다.
감정의 관문, 감정의 중추 등으로 불릴 정도로
감정에서 중요한 역할을 맡고 있지만,
이성적인 기능에 관여하기도 한다.

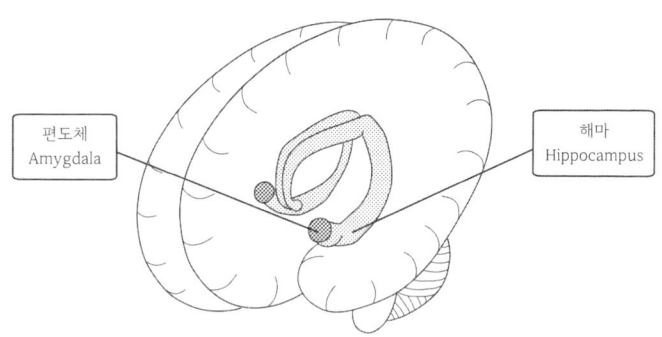

무엇보다 편도체는 공포 반응과 끈적하게 얽혀 있는 것으로 유명하다. 포는 투쟁-도피 반응Fight-or-flight response이라고 부르는 스트레스 반응을 일으키는데, 이는 위험에 처했을 때 우리 몸이 효과적으로 대응할 수 있도록 돕는다.

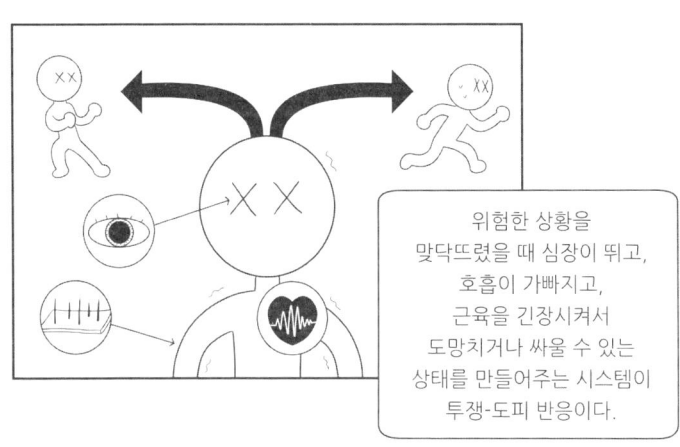

공포를 느끼지 않고 겁 없이 용감하게 살 수 있다면 어떻게 될까? 편도체가 손상된 원숭이는 뱀을 손으로 잡으려 하거나 불을 봐도 무서워하지 않는다. 심지어 편도체가 손상된 쥐는 자고 있는 고양이 위에 올라가 귀를 물어뜯기도 한다.

인간의 편도체는 아주아주 민감하다.
위스콘신주립대학에서 실시한 어느 실험에서는 피험자에게
무표정한 여러 장의 얼굴 사진을 매우 빠른 속도로
보여주면서 그들의 뇌를 fMRI로 촬영했다.

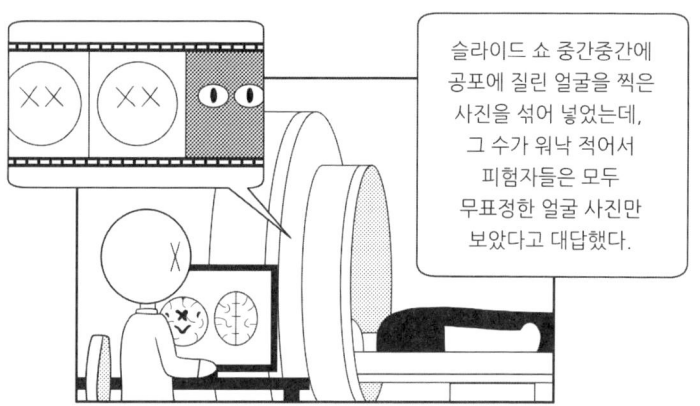

하지만 피험자들이 인지하지 못했음에도 불구하고,
공포에 질린 얼굴이 지나가는 동안 그들의 편도체가 활성화되었다.
뇌가 무의식적으로 공포를 감지한 것이다.

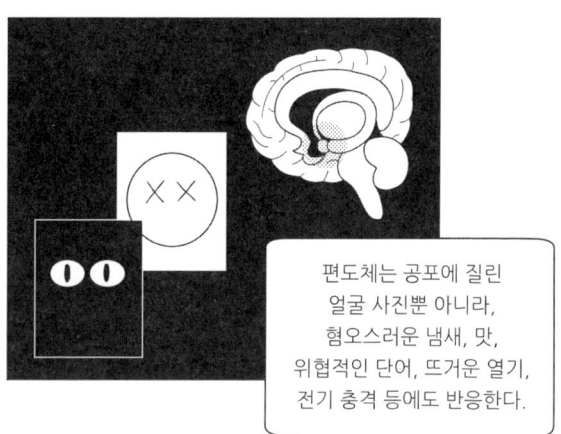

공포와 마찬가지로 불안이나 걱정도 생존에 유용한 감정이다.
불안은 위험할지도 모르는 상황에 함부로 뛰어들지 못하게 만들고,
걱정은 성급한 결정을 내리기 전에 한 번 더 생각하게 만든다.
이에 관한 재미있는 우화가 있다.

> 백만 년 전 한 초기 인류가 동굴을 바라보며 이렇게 말했다.
> "가서 한번 둘러볼래."
> 옆에 있던 친구는 뭔가 불안한지 퉁명스럽게 대답했다.
> "좋은 생각 같지 않는데."
> 그래서 어떻게 됐을까? 첫 번째 친구는 곰에게 잡아먹혔고
> 두 번째 친구가 우리의 조상이 되었다.²

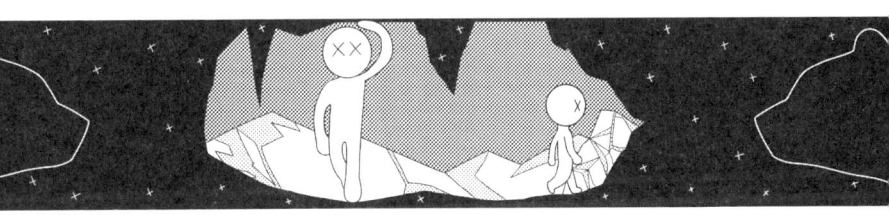

감정 체계와 관련된 뇌 부위는 편도체를 비롯해서 여러 군데 존재한다.
그중 한 가지는 전두엽 밑부분, 그러니까
눈 뒤에 위치한 안와전두피질Orbitofrontal Cortex이다.
안와전두피질이 망가진 환자 사례는
감정의 역할에 대해 좀 더 포괄적인 통찰을 제공한다.

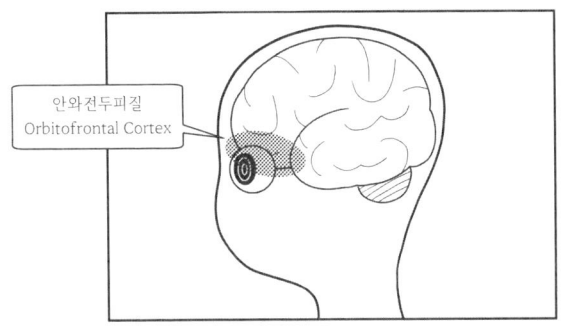

※ 안와眼窩는 눈구멍을 뜻한다.

느낌, 감정, 의식에 관한 연구로 유명한 뇌과학의 거인
안토니오 다마지오Antonio Damasio는 자신의 저서
〈데카르트의 오류〉에서 엘리엇이라는 환자의 사례를 소개했다.
엘리엇은 뇌에서 작은 종양을 제거하는 수술을 받았다.
수술 이후 그의 기억과 지능은 변하지 않았지만,
극심한 결정 장애를 겪게 되었다.

가령 음식 메뉴, 주차 위치, 듣고자 하는 라디오 채널의 선택처럼 사소한 결정을 내리지 못했다.

그 후 엘리엇은 직장에서 잘렸고, 하는 사업은 번번이 실패했으며,
아내와 이혼했다. 다마지오는 정상적인 지능을 가졌지만,
결정 능력에 문제가 생긴 엘리엇에 대해 이렇게 말했다.

안토니오 다마지오
Antonio Damasio

"엘리엇은 자신의 비극적 삶을, 그 중대한 사건들과 어울리지 않는 초연함으로 다시 설명할 수 있었다. 그는 항상 절제하고 흥미 없고 관여되지 않은 한 사람의 구경꾼으로 삶의 장면들을 설명했다. 심지어 비극의 주인공이었음에도 불구하고 어디에도 자신의 고통을 감지한다는 증거는 없었다." [3]

다마지오는 엘리엇과 비슷한 환자들을 연구하며,
안와전두피질이 감정 유발에 특히 중요하다는 것을 발견했다.
이 부분이 손상되면 환자는 무관심하고, 차갑고, 무책임해지며,
일상적인 선택을 매우 어려워한다.

"이는 하나의 인격체로서 무언가를 원하고 욕망했던 그의 본성이 통째로 사라져 버린 것과 같다. 그를 아끼던 주변 사람들은 낯선 사람과 사는 것 같다고 말하지만, 정작 그는 아무런 느낌도 없다."[4]

우리는 합리적으로 판단하려면 감정을 배제하고
이성적으로 사고해야 한다고 믿는다. 하지만 감정이 사라지면
뇌는 사소한 결정조차 내리지 못하고 통상적인 판단력을 상실한다.
감정은 우리가 보고 듣고 만지고 먹는 모든 대상에 평가를 내리고
신호를 보냄으로써 무엇인가를 선택하도록 유도한다.

"느낌은 우리가 느낌이 전달하는 정보에 따라 행동하고, 현재 상황에 가장 적절한 행동을 하도록 욕구와 동기를 제공한다. 서둘러 어떤 것을 피해 숨는다거나 보고 싶었던 사람을 껴안는 행동은 모두 느낌에 의한 것이다."[5]

또한 뇌 손상으로 어떤 감정이 고장 난 동물은 경험에 기초하여
선택적으로 행동하는 능력을 제대로 갖추지 못한다.
예를 들어 맛있는 음식인 줄 알고 먹었다가 먹어보니 이상한 음식이었을 때,
보상 학습이 이루어지지 않는다는 것이다.

감정은 학습의 핵심인 기억과도 긴밀하게 연결되어 있다.
화가 났거나 즐거웠던 일처럼 감정적으로 강렬한 사건은 오랫동안 기억된다.
반대로 과거 무감정하게 만난 사람들이나 식당에서 무심히
먹은 음식들은 잘 떠오르지 않는다. 그 일에 감정 경험이 없는 탓이다.

우리는 상대방 표정을 민감하게 읽을 수 있으며,
표정을 인식하는 데 있어서 뛰어난 능력을 갖추고 있다.
표정에는 그 사람의 감정이 드러나고, 감정은 정보를 전달하기 때문이다.

"만약 우리를 본 사람들이 모두 충격을 받거나, 화가 나거나, 혐오감을 느끼는 표정을 짓거나 혹은 이 세 가지 표정을 모두 짓는다면 우리는 지금 하는 일을 당장 멈춰야 한다. 즉, 사람들의 반응은 자신의 행동을 조절하는 데 도움이 된다."[6]

이런저런 연구에 따르면 상대방 표정을 읽을 때도
자기 편도체가 매우 활발히 활동한다고 한다.
이 말인즉 편도체가 손상되어 나의 감정에 문제가 생기면
타인 감정을 읽는 데 문제가 생길 수 있다는 뜻이다.

표정은 문화적 배경과 관계없이 보편성을 가집니다. 다른 어떤 문화권이라도 화난 표정을 다른 의미로 해석하진 않죠.

감정은 사회적 신호를 처리함에 있어서도 중요하게 작동한다.
죄책감, 수치심, 난처함, 자긍심과 같은 감정이 없는 사람은 사회에서 어떻게 행동할까?
반대로 감정에 관련된 뇌 영역이 활발한 사람은 사회적 규범에 따르기 위한
불편을 기꺼이 감수하고, 자신을 희생해서 타인을 도우려는 경향이 더 높다.

"감정은 타인을 돕고자 하는 열망이나
사기꾼을 벌하고자 하는 충동과 같은
복잡한 사회적 행동들의 지표가 된다." [7]

다마지오는 진화 과정에서 최초로 무언가를 느꼈던 생명체는
쾌 혹은 불쾌라는 단순한 감정만 갖고 있었고, 이러한 느낌으로 다음에 무엇을 할지,
어디로 가야 할지를 판단했다고 말한다. 인간과 동물의 감정 시스템은 동일하지만
인간만큼 복잡하고 다양한 감정을 느끼는 생명체는 없다.
우리가 아는 한 우주에서 가장 감정적인 생명체는 인간이다.

어쩌면 감정은
인간다움의
핵심일지도
몰라.

감정은 우리 삶을 여러 빛깔로 화려하게 물들인다.
예상하지 못한 친절에 고마움을 느끼게 해주고, 택배를 기다리며
설렘을 느끼게 해주며, 넷플릭스를 보면서 즐거움을 느끼게 해준다.
물론 뇌는 긍정적인 감정만 선택해서 발산하진 않는다.
연인과 헤어지면 슬프고, 일이 안 풀리면 괴로우며,
원고 마감이 다가오면 초조하다.

한때 가장 좋아했던 한국 소설가 박민규는 이런 사인 문구를 남겼다.
'多感, 하소서'
사인을 받은 사람이 인간다운 삶을
온전히 누리기를 바라는 마음에서 적은 문구일까?
그의 의도는 알 수 없지만, 나는 이 사인 문구가 마음에 든다.

창의력
나도 창의적인 사람이 될 수 있을까?

14

대체 나는 어쩌자고 창작의 길에 들어선 걸까?
나에게 창의력은 영혼을 팔아서라도 갖고 싶은 보물이다.
새로운 것에 끌리는 것이 인간의 희극적 본성이라면,
새로운 것을 만드는 것은 창작자의 비극적 숙명이기 때문이다.

더 비극적인 진실은 뇌는 아무리 창의적인 것이라 할지라도
금방 적응한다는 것이다. 당시에는 신선하고 충격적인 작품도
시간이 지나면 평범하거나 당연하게 느껴진다.

우리는 처음 보는 무언가에 큰 반응을 보이지만,
다시 볼 때마다 그 반응은 점점 약해진다.
뇌에서 '반복 억제'라고 부르는 현상이 벌어지기 때문이다.

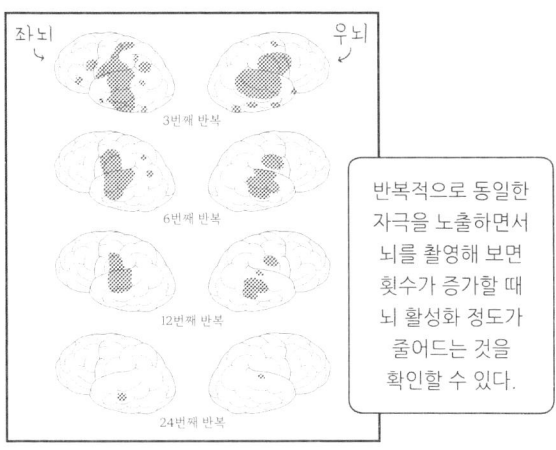

반복적으로 동일한 자극을 노출하면서 뇌를 촬영해 보면 횟수가 증가할 때 뇌 활성화 정도가 줄어드는 것을 확인할 수 있다.

▲ 얼추 이런 느낌이다.[1]

뇌가 반복 억제를 일으키는 이유는 무엇일까?
한 번 놀라고 감탄했던 것을 볼 때마다
감탄하고 놀라면 안 되는 걸까?

뇌는 효율적인 에너지 관리를 추구한다.
처음 보는 사람의 얼굴을 구분하기 위해서는 많은 신경 에너지가 필요하다.
그렇지만 이미 익숙해진 얼굴을 파악하기 위해
같은 에너지를 사용하는 것은 낭비일 것이다.

예측 가능한 비슷한 일상의 반복은 평화롭고 안정적인 삶을 보장한다.
하지만 평생 똑같은 쳇바퀴만 돌기를 바라는 사람은 없을 것이다.
뇌는 기본적으로 예측의 세계에서 에너지 효율을 추구하지만,
한편으론 낯설고 새로운 것을 갈망한다.

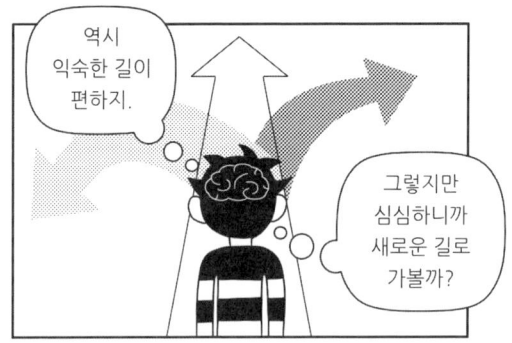

보상과 관련된 신경전달물질은
뜻밖의 놀라움과 깊은 관련이 있다.
예측된 즐거움보다 예상 밖의 갑작스러운
즐거움이 더 큰 기쁨을 준다는 것이다.

건축, 음악, 미술, 문학, 패션, IT 등
사실상 모든 문화의 역사는 변화의 역사다.
그래서 신경과학자 데이비드 이글먼은 이렇게 말한다.
"반복 회피는 인류 문화의 근원이다."

그렇다면 창의력이란 무엇일까?
지능이 높은 사람이 창의력도 뛰어날까?
카이스트 뇌과학자 정재승의 정의에 따르면
지능과 창의력은 완전히 다른 능력이다.

신경과학자들은 사람들이 창의적인 생각을 할 때
뇌에서 무슨 일이 벌어지는지 알아보기 위해 피험자의 뇌를 찍어보았다.
그랬더니 창의적인 아이디어가 반짝하고 빛나는 순간
의사결정, 감정, 행동을 조절하는 다양한 뇌 부위가
동시에 활성화된 것을 확인할 수 있었다.

뇌에서 유레카가 일어난 순간을 관찰한 결과,
평소 잘 연결되지 않던 뇌 부위에서 연결이 일어났다.
이 말인즉 창의성이란 무관해 보이는 것의 연결을 통해
새로운 생각을 만들어내는 것이라고 할 수 있다.

"창의성은 전전두엽 같은 가장 고등한 영역에서 만들어지는 기능이 아니라, 뇌 전체를 두루 사용해야 만들어지는 능력이라는 겁니다."[4]

언젠가 스티브 잡스도 그랬다. "창의력은 그저 이것저것을 연결하는 일이다.
창의적인 사람에게 어떻게 그걸 해냈느냐고 물으면 그들은 자신이
실제로 그것을 한 것이 아니라 약간의 죄의식 같은 걸 느낀다."[5]
문화심리학자 김정운은 아예 책 제목을 이렇게 썼다.
"에디톨로지 - 창조는 편집이다."

창의성은 세상에 없던 것을 만들어내는 능력이라기보다 원래 있던 무언가를 새롭게 재조합, 재연결하는 능력일 수도 있구나.

창의력은 뇌의 어느 한 부위에서 발생하는 게 아니라,
뇌 전체의 움직임을 통한 방대한 신경 네트워크 속에서 나타나는 무엇이다.
이러한 네트워크 중에서 창의력과 밀접한 관계가 있는 네트워크 중 하나가
'디폴트 모드 네트워크default mode network'다.

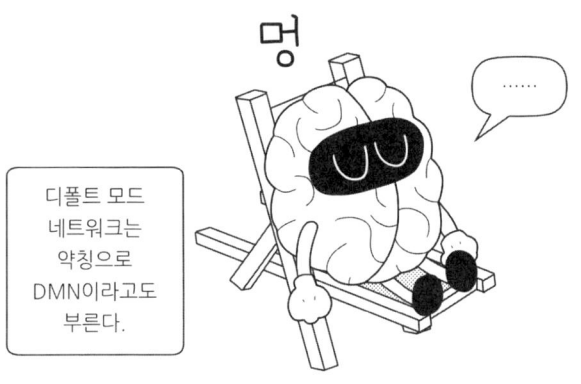

신경과학자 마커스 라이클Marcus Raichle은
주의 집중을 요하는 일에는 활동이 감소했다가
아무 일도 하지 않을 때 오히려 활동이 증가하는 영역들을 찾아냈는데,
이 영역들을 디폴드 모드 네트워크라고 부른다.
DMN은 이름대로 뇌의 초기 설정, 기본값이라고 생각하면 된다.

DMN은 공상을 하거나 내적으로 집중할 때 활발해지는
뇌 영역으로, 휴식을 취하거나 멍하게 있을 때 활성화된다.
즉 우리가 빈둥거리며 늘어져 있어도 뇌는 결코 쉬지 않는다.

뇌과학자들은 창의력이 높은 사람일수록
디폴트 모드 네트워크와 주의를 기울이고 집중할 때
활성화되는 네트워크 사이의 연결이 강하다는 것을 발견했다.
하루 종일 한 가지 일에 매달리거나 정신없이 바쁘게 지내는 것보다
종종 쉬면서 머리를 식혀야 좋은 아이디어가 잘 떠오르는 것은 이 때문이다.

조지아공과대학 에릭 슈마허Eric Schumacher 교수 연구에 따르면
공상을 많이 하는 사람일수록 뇌 활동이 활발하고 창의성도 높다고 한다.
MRI로 뇌 활동을 관찰해 보면 딴생각을 많이 할수록
멀리 떨어진 영역들 사이에 연결이 많음을 확인할 수 있다.

물론 그렇다고 하루 종일 아무것도 하지 않으면서 멍하니 있으라는 말은 아니다.
"지식 기반을 세우기 위해서는 충분히 오랫동안
집중하는 기간이 필요하다는 점은 기억하자.
창의력을 키우려면 집중과 멍한 상태,
즉 대상에 대한 완벽한 숙지와 딴 길로 새는
행동 사이에 균형이 필요하다는 얘기다."[7]

잘 노는 것도 창의력의 원천이 된다. 어린 시절의 놀이는
성장과 발달에 매우 효과적이며, 성인이 된 후 창의성과 관계가 있다.
실제로 장난감이나 놀이기구가 있는 환경에서 자란 쥐는
그렇지 않은 쥐에 비해 시냅스 연결이 두드러지게 증가한다.

"놀이는 인간의 내재적 본능이며 심지어 뇌의 여러 영역을 발달시켜 주는 창조적인 행위인데, 왜 우리 사회는 놀고 있는 사람들을 못마땅하게 바라보는 걸까요?" 8

흔히 창의적인 예술가라고 하면 고립된 환경에서
쉬지 않고 창작에만 몰두하는 신경질적 괴짜를 떠올리곤 한다.
하지만 역사적으로 위대한 예술가들은 대부분 타인과
살뜰하게 어울리며 지내는 평범한 사람들이었다고 한다.
세상과 동떨어져 자기만의 세계에서 갇혀 사는
괴팍한 천재의 이미지는 오해에 불과하다.

"창의력은 본질적으로 사회적인 활동이기 때문이다." 9

나는 거의 맨날 집에 혼자 있는데...

창의력은 운 좋은 사람이 차지하는 복권 같은 것도 아니고
비범한 일부에게 허락된 은총 같은 것도 아니다.
뇌과학자 김대수에 따르면 창의성은 생존을 위한
본능으로 모든 뇌가 갖춘 기본 능력이다.
그런데도 나의 창의력은 왜 이 모양일까?

모든 아이는 자라면서 그 사회에서 요구하는 규범과 가치를 학습한다.
사회화는 사회 구성원으로서 살아가기 위한 필수 과정이다.
또한 시스템에 순응해서 정해진 길을 모범적으로 쫓아가는 것은
안정적인 생존 전략일 것이다. 하지만 순응은 남들 하는 대로 한다는 뜻이며,
창의성과 반대 방향으로 향하는 길이기도 하다.

난 창의적인 사람이 될 수 있을까? 정말 독창적인 작품을 만들 수 있을까?
한결 전문적이고 보다 훌륭한 다른 뇌과학 책을 보면,
여기서 소개한 내용 이외에도 창의력을 향상하는
실용적인 조언들을 많이 얻을 수 있다.

딱 한 가지만 빼고 그렇다. 내가 남들보다 유독 집착하는 한 가지가 있는데,
바로 잠이다. 수면은 창의력에서 꽤 중요한 요소이다.
그러나 수면은 그것보다 훨씬 신비한 무언가를 감추고 있다.
과연 잠을 잔다는 것은 무엇이고 얼마나 소중한가?

수면
안녕히주무세요

누군가 그랬다. 사랑이란 대상과 시간을 공유하고 싶은 감정이라고.
나는 잠을 사랑한다. 최소 8시간은 반드시 자야 하며,
더러 운이 좋으면 그 이상 잘 때도 많다.

요즘도 많은 사람이 잠자는 것은 버리는 시간이나 사치라고 생각한다.
수면은 단순한 휴식이며 잠자는 동안 뇌에서 어떤 생산적인 활동도
이루어지지 않는다고 생각하기 때문이다. 과연 정말 그럴까?
잠의 수수께끼는 현대 과학이 아직 풀지 못한 숙제 중 하나다.
하지만 최근 20년 동안 관련 연구가 폭발적으로 쏟아졌고
덕분에 그나마 잠의 신비를 몇 꺼풀이나마 벗겨냈다.

과학적으로 잠의 비밀을 풀어낼 첫걸음은 1950년대 초 시카고대학교 대학원생 유진 애서린스키Eugene Aserinsky의 발견이었다. 애서린스키는 자고 있는 8살 아들의 뇌파를 관찰하다가, 잠든 상태에서 깨어있는 것과 비슷하게 활동적인 뇌파가 나타나는 것을 발견했다.

애서린스키는 이러한 뇌파가 나타날 때, 자고 있는 아들의 눈꺼풀 밑에서 눈동자가 빠르게 움직이는 것을 관찰했다. 현재 우리가 '빠른 눈 운동 수면' 또는 '급속 안구 운동 수면'이라고 부르는 렘REM Rapid-Eye-Movement 수면을 발견한 것이다.

사람은 잠을 잘 때 렘수면과 비렘Non-REM수면이라는 두 유형으로 번갈아 잔다. 비렘수면은 잠의 깊이에 따라 다시 1단계, 2단계, 3단계, 4단계라는 따분한 이름으로 나누어진다. 1~2단계는 얕은 수면 단계이고 3~4단계는 깊은 수면 단계인데, 흔히 뇌 전기 활동 속도가 급격히 떨어지는 3~4단계를 서파수면slow-wave sleep이라고 부른다.

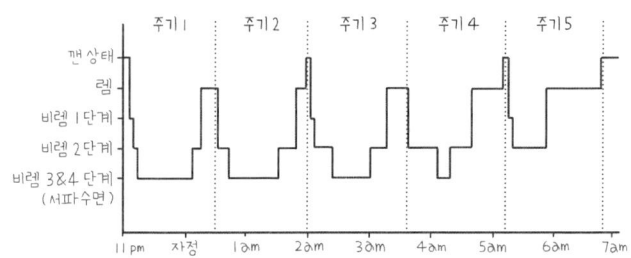

▲ 비렘수면에서 렘수면으로 순서대로 이어지는
수면의 사이클은 대략 90분 주기로 반복된다.

진화론의 관점에서 생각해 보면 잠자는 것만큼 이상한 행동도 없다. 잠자는 동안에는 생존을 위해 식량을 구할 수도 없고, 번식을 위해 짝을 찾을 수도 없다. 그뿐 아니라 포식 동물의 위협에도 멍청하게 당하기 쉽다. 그렇기에 한 연구자는 이렇게 말했다.
"만약 잠이 정말로 중요한 기능을 하지 않는다면, 그것은 진화가 만들어낸 가장 큰 실수가 될 것이다." [1]

널리 알려진 잠의 기능은 잠이 기억을 단단하게 만들어준다는 사실이다.
수면과 기억의 관계는 오래전부터 반복적으로 입증되어 왔다.
잠은 새로운 기억을 만들 수 있도록 뇌의 학습 용량을 복구하고,
깨어있는 동안 학습한 내용을 잊지 않도록 보호하다.

"새로운 기억을 만드는 데 핵심적인 역할을 하는 해마는 밤에 푹 잘 잤을 때만 제대로 기능한다. 수면이 충실하지 못하면 학습에 기여하는 배외측 전전두피질 역시 방해를 받는다."[2]

해마는 깨어있는 동안 습득한 사실 기반 정보를 임시로 저장해 두었다가
이를 잠을 잘 때 대뇌피질로 보내 장기 기억으로 만든다.
이 때문에 잠을 통해 해마의 저장 공간을 비우지 않으면, 새로운 정보 학습이 어려워진다.
이에 대한 실험으로, 신경과학자이자 수면 연구가인 매슈 워커Matthew Walker는
뇌파를 분석하여 비렘수면 2단계에서 수면 방추*라는 현상이 많이 나타날수록
자고 일어난 뒤 학습 능력이 더 많이 회복되어 있음을 발견했다.

"중요한 점은 수면 방추가 누군가의 타고난 학습 성향을 가리키는 것이 아니었다는 사실이다.(...)

매슈 워커
Matthew Walker

방추가 가리킨 것은 잠자기 전과 후에 학습에 변화가 일어난다는 것이었다. 즉 학습 능력이 복구된다는 것이다."[3]

* 비렘수면 2~4단계에 나타나는 낮은 진폭의 12~14Hz의 주파수를 가진 뇌파.

또한 사실 기반 교과서형 기억의 경우
깊은 비렘수면 양이 많을수록 더 많은 정보를 기억할 수 있다고 한다.
수면과 기억 응고화 사이 관계는, 실험자가 기억력 검사 대상이 전날 밤 취한
비렘수면 양만 알면 결과를 꽤 정확하게 예측할 수 있을 정도로 확고하다.

수면은 기억과 학습의 핵심이기도 하면서,
문제를 해결하는 능력과 창의력의 중요한 요소이기도 하다.
하버드대학 로버트 스틱골드Robert Stickgold 교수는
비디오 게임을 이용하여 이 문제를 실험했다.
그는 실험 참가자들에게 테트리스를 오랫동안 플레이시킨 뒤, 잠을 자게 했다.
잠시 후 깨워서 무슨 꿈을 꾸었는지 물어보았더니,
약 60%가 테트리스 꿈을 꾸었다고 대답했다.

MIT 대학 신경과학자 매슈 윌슨Matthew Wilson은 쥐의 머리에 전극을 심어, 쥐가 미로를 돌아다닐 때 뇌파를 기록했다. 윌슨은 기억의 핵심인 해마에 주목했고, 쥐가 자는 동안 뇌파의 패턴이 깬 상태에서 미로를 탐색할 때 뇌파와 같은 것을 발견했다. 쥐의 뇌는 깨어있을 때 매달렸던 문제를 잠을 자는 동안 되풀이하고 있었던 것이다.

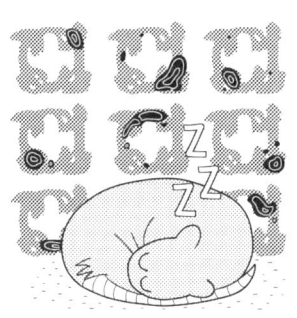

기억하는가?
제5장에서 말했듯
머릿속으로 동작을
재연만 해도
실제 행동과 같은
효과가 나온다.

스틱골드는 테트리스 다음으로 알파인 레이서2라는 체감형 스키 게임을 이용하여, 깨어있을 때 받아들인 정보를 자는 동안 재생하는지 검증하는 실험을 했다. 테트리스 실험과 유사하게 일찍 깨운 피험자는 게임 관련 꿈을 꾸었다. (관련 꿈을 꾼 사람은 약 50%였다.) 그런데 긴 수면 시간을 가진 피험자 꿈 내용은 조금 달랐다. 수면 시간이 길어지자 뇌는 새로 받아들인 정보와 이미 알고 있는 지식을 연결하기 시작했다.

깊은 비렘수면이 개별 기억을 강화한다면, 렘수면은 꿈을 통해 기존에 알고 있는 지식을
무작위로 연결함으로써 깨어있을 때 매달렸던 문제를 해결하도록 돕는다.
어떻게 꿈에서 일어나는 기억 연결이 문제 해결에 도움이 될까?
렘수면에서 일어나는 정보 연결은 비렘수면 또는 깨어있을 때처럼
뻔하고 논리적인 방식으로 이어지지 않는다. 오히려 가장 연관성이
적은 개념들을 연결하면서 엉뚱한 기억 조합을 적극적으로 시도한다.

"이것은 긴 잠에서 깨어난 뒤 기억하는 꿈이 왜 그토록 이상한지뿐만 아니라, 우리가 기억에서 새로운 아이디어를 어떻게 만드는지도 설명할 수 있다. 감정과 사실, 그리고 새로운 정보 사이의 공개적 상호 작용은 뇌에게 사물을 새로운 각도에서 보게 한다."⁴

잠은 기억력 강화와 창의력 증진뿐만 아니라 그 밖에도 많은 일을 한다.
짧게 요약하면 암과 치매, 독감과 감기 예방, 심장 마비 및 뇌졸중,
당뇨병 위험 감소, 행복감 증가, 우울감 감소에다 덤으로 식욕까지 줄여준다.
어떤가? 마치 사이비 유사 과학의 실없는 허풍처럼 들리지 않는가?
이에 대해 매슈 워커는 이렇게 이야기한다.

"이 주장들을 뒷받침하는 근거는 지금까지 나온 꼼꼼한 심사를 거쳐 발표된 1만 7,000편이 넘는 과학 논문들이다.(...)

우리 대다수는 잠이 얼마나 경이로운 만병통치약인지를 깨닫지 못하고 있다."⁵

그렇다면 잠이 부족할 땐 어떤 일이 벌어질까?
1989년 시카고대학 연구진들은 쥐들을 재우지 않는 실험을 했다.
잠을 못 잔 쥐들은 대략 2주에서 한 달 사이
한 마리도 남김없이 모두 죽었다.

특이한 것은 쥐들이 잠을 자지 못하는 동안 반점과 궤양이 생기거나
털이 뭉텅이로 빠지는 등의 파괴적인 증상이 나타났는데,
부검을 하니 쥐의 기관에는 아무 이상이 없었다는 점이다.

계속해서 오랫동안 못 자면 죽는다는 사실은
잠을 낭비라고 생각하는 사람들도 동의할 것이다.
하지만 정상적인 수면 시간보다
한두 시간쯤 덜 자는 것은 어떨까?

매일 5~6시간 자면서
멀쩡한 사람도 있던데,
난 약간만 덜 자도
왜 이렇게 피곤하지?

한 연구에서는 어떤 운동 기술 숙련도를 시험했는데
한 집단은 여섯 시간 미만으로 잠을 잤고, 다른 집단은 꿀잠을 잤다.
충분히 못 잔 사람들은 실컷 잔 사람들에 비해 일관되게 낮은 수행 능력을 보였다.
비슷한 실험으로 타자 연습 이후, 제대로 자지 않은 집단과
정상적으로 잔 집단을 비교한 연구도 있는데, 결과는 역시 비슷했다.

펜실베니아대학 데이비드 딩어스David Dinges는 수면 시간에 따라
실험 참가자를 네 그룹으로 나누어 주의력 테스트를 했다.
이 실험은 2주 동안 실시했는데 첫 번째 그룹은 사흘 동안 잠을 자지 않았고,
두 번째 그룹은 매일 네 시간씩 잤다. 세 번째 그룹은 매일 여섯 시간 잤으며,
네 번째 집단은 매일 여덟 시간 잤다. 첫 번째 그룹의 결과가 엉망이었으며,
네 번째 집단의 결과가 우수했다는 것은 쉽게 예측했을 것이다.
그렇다면 두 번째와 세 번째 그룹의 결과는 어땠을까?

매일 네 시간 잔 두 번째 그룹 주의력은 6일째가 되자
24시간 동안 잠을 자지 않은 사람들 수준으로 떨어졌고,
11일째가 되자 48시간 동안 잠을 자지 않은 사람들 수준으로 떨어졌다.
마지막으로 매일 여섯 시간을 잤던 세 번째 그룹은?
이들은 10일째가 되자 24시간 동안 잠을 안 잔 사람들과
비슷한 수준으로 떨어졌는데, 중요한 것은 네 시간 잤건 여섯 시간 잤건
시간이 흐를수록 점차 수행 능력이 망가졌다는 것이다.

연구자는 참가자들에게 수면 부족으로 자신의 수행 능력에 얼마나 지장이 생기는지
주관적으로 평가해 달라고 부탁했다. 참가자들은 자신의 주의 집중력 감소를
일관되게 과소평가하며, 수면이 부족할 때 자신의 수행 능력에
얼마나 지장이 생겼는지 제대로 파악하지 못했다. 매슈 워커는 말한다.

수면 부족은 신체와 정신을 야금야금 갉아먹는데,
가장 극적인 사례는 서머 타임Summer Time이라고 부르는
일광 절약 시간제Daylight saving time와 심근 경색 환자 수에 관한 이야기다.
알다시피 서머 타임을 시작하면 사람들 수면 시간은 한 시간 줄어든다.
흥미로운 것은 이때 심근 경색 환자 수가 갑자기 늘어나고, 가을이 되어
다시 한 시간 더 자면, 갑자기 환자 수가 줄어든다는 사실이다.

잠이 주는 혜택과 수면 부족의 해악은 과학적으로 명백하다.
더 똑똑해지고 싶은가? 더 건강해지고 싶은가?
더 행복해지고 싶은가? 뇌과학이 내리는 처방은 간결하다.
푸~~~~~~~~~~~~~~~욱 자라!

잠은 흔히 생각하는 것보다 훨씬훨씬 소중하다. 여기서는
잠의 놀라운 마법과 수면 부족의 무시무시함을 스치듯이 짧게 소개했을 뿐이다.
(더 관심 있다면 잠에 관한 과학 도서 아무거나 찾아 읽어 보길 권한다.)
잠은 얼마나 중요한가? 〈잠의 사생활〉의 저자
데이비드 랜들David K Randall은 이렇게 정리했다.

"어젯밤에 잠을 어떻게 잤느냐가 음식과 소득과 사는 곳보다도 여러분의 인생에 훨씬 큰 영향을 미칩니다." 9

데이비드 랜들
David K.Randall

수면의 질이 삶의 질을 결정한다.
이 말은 결코 과장이 아니다. 진짜다.

"건강한 신체에 건전한 정신이 깃든다."라는 격언이 있다.
이 경구는 고대 로마 시인 유베날리스가 쓴 시구에서 나왔다.
유베날리스는 신체 단련에만 열중하는 로마인들을 보며,
튼튼한 신체만큼 정신도 단단해지기를 바란다는 뜻으로 이런 말을 남겼다.

"이 말이 뜻하는 바는 분명하다.
육체적 단련이 자연스레
정신적 능력을 향상시킨다는
사실을 몰랐던 것이다.
오늘날의 우리도
몇 년 전부터 신경과학이
이 문제를 본격적으로 파고들면서
이 사실을 깨달았을 뿐이다."[1]

고대 로마인뿐 아니라 20세기까지 대부분 사람들은 신체와 정신을
구분해서 생각했고, 21세기를 살아가는 나도 그렇게 생각했다.
하지만 현대 신경과학에 따르면 정신은 신체 일부인 뇌에서 비롯되며,
몸과 정신은 매우 긴밀하게 얽혀있다고 강조한다.

그래서
신체와 정신은
하나라고
말하기도
하잖아?

오랜 진화 과정에서 일부 생명체들에게 뇌가 생긴 이유는 무엇일까?
케임브리지대학 뇌과학자 대니얼 월퍼트Daniel Wolpert를 비롯한
여러 뇌과학자들은 이렇게 확신한다. '뇌는 움직임을 위해 존재한다.'
"위험한 상황에서 도망치고 보상을 좇기 위해서 말이다.
감각, 기억, 감정과 앞일을 계획하는 능력에 이르기까지의
모든 일은 움직이는 데 도움이 되는 정보를 제공한다."²

어린 멍게는 원시적이나마 단순한 뇌를 갖고 있기에 헤엄도 치고 사냥도 한다.
하지만 자라면서 마음에 드는 바위에 달라붙어 정착하는데,
재미있는 것은 평생 그 바위에 달라붙어 움직이지 않고 지낸다는 것이다.
바위에 눌러앉은 멍게는 무엇을 할까?
자신의 뇌를 먹어치운다!

인간 뇌는 어떨까? 먼 옛날 수렵채집을 했던
우리 선조들은 먹을 것을 구하기 몹시 힘들었다.
그들은 생존을 위해 신체를 이용하여
더 멀리, 더 빨리, 더 많이 움직여야 했고,
새롭고 복잡한 움직임이 요구될수록 뇌를
사용하여 계획하고, 판단하고, 생각해야 했다.

"움직임과 사고의 새로운 방식이
결합되고 연결되면서 종의
생존 기회를 높인 것이다.
결과적으로 신체의 활동성이
두뇌를 최대치로 돌아가게
하는 데 반드시 필요한
조건이 되기 시작했다."³

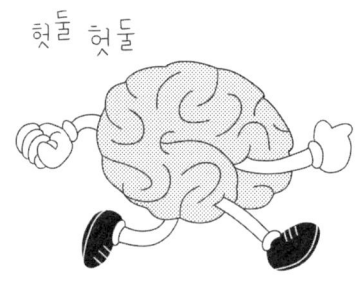

진화심리학에 따르면 지금 우리 신체와 뇌는
석기시대를 살던 선조들과 크게 다를 바 없다.
지금 우리 신체와 뇌가 적응해서 살도록 설계된 방식은
인류 초창기 환경에 맞춰져 있다는 이야기다.
푹신한 소파에 앉아 손가락을 움직여 음식을 주문하는 우리들은
먹잇감을 사냥하기 위해 지칠 때까지 동물을 추격하던
선조들에 비해 운동량이 심각하게 부족하다.

1만 년 전 인류와 같이
지금도 수렵채집으로
생활하는 탄자니아
하드자Hadza 부족은
여성은 약 6km,
남성은 약 11km를
걷는다고 한다.

운동이 신체뿐 아니라 뇌에도 영향을 미친다면, 구체적으로 어떤 도움이 될까?
운동은 잠이 주는 마법만큼이나 뇌에 여러 방면으로 이롭다.
하지만 그중에서도 내가 가장 놀랐던 효과는
운동이 새로운 뉴런을 만든다는 것이다.

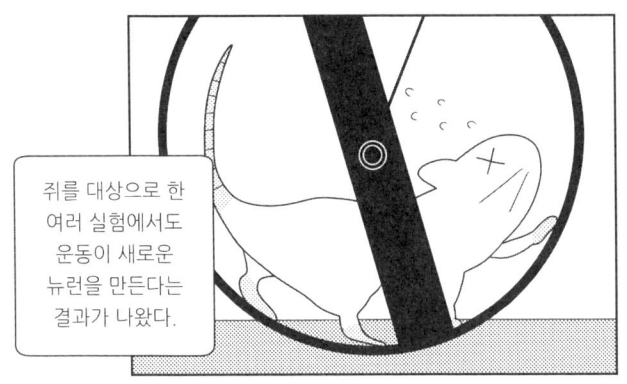

쥐를 대상으로 한 여러 실험에서도 운동이 새로운 뉴런을 만든다는 결과가 나왔다.

뇌에는 BDNF Brain-derived Neurotrophic Factor라는
단백질이 있다. BDNF는 다른 말로 '뇌유래신경영양인자'라는
길고 복잡한 이름으로 일컫기도 하지만,
어떤 이는 단순하게 '기적의 물질'이라고 부르기도 한다.

대체 BDNF가 무슨 일을 하길래 기적이라는 수식까지 붙이는 거지?

BDNF는 뉴런을 성장시키고, 퇴화를 막는다.
또한 시냅스 형성과 수상돌기 가지 증가를 촉진하며,
뉴런을 손상하거나 죽일 수 있는 요소들로부터 보호한다.
다시 말해 BDNF는 뉴런을 강화하고 뉴런 사이
소통을 원활하게 만들어 기억과 학습 능력을 높인다.

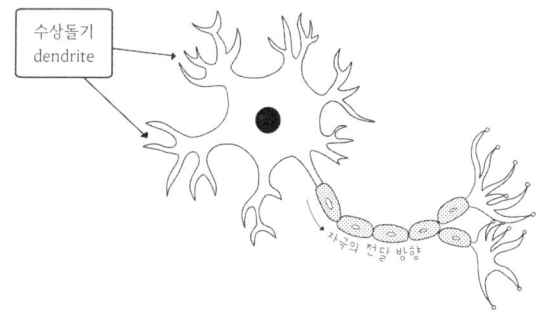

※ 뉴런은 수상돌기를 통해 정보를 받아들인다.

운동은 BDNF 분비를 북돋는다.
특히 숨을 헐떡이게 만드는 유산소 운동이 BDNF 수치를 끌어올리며,
규칙적이고 꾸준한 운동은 같은 시간을 투자해도 더 많은 BDNF를 만든다.
참고로 운동을 통한 BDNF 생성은 뇌의 모든 부분에서 발생하는 것이 아니라
주로 기억과 학습의 중추인 해마에서 일어난다고 알려져 있다.

BDNF는 우울증과도 끈적한 관계를 맺고 있다.
우울증 환자는 BDNF 수치가 유독 낮고, 뉴런 재생도 억제된다.
우울증의 주요 원인 중 하나는 스트레스인데, 운동은 스트레스에 대한
회복 탄력성을 키워주고 우울증에 대한 저항 능력을 높여준다.

BDNF 수치가 낮으면 조울증이나 조현병에 걸릴 확률도 높다.

우리가 스트레스 환경에 노출되면 코르티솔Cortisol이라는 호르몬이 분비된다.
혈중 코르티솔 수치가 높아지면 투쟁-도피 반응을 일어난다.
심장이 벌렁거리고, 호흡이 빨라지고, 혈압이 높아지는 것이다.
투쟁-도피 반응을 다시 설명하면 목숨이 위태로운 상황
(갑자기 사자를 맞닥뜨렸다거나)에서 싸울지 또는
도망칠지 선택하는 본능적 반응이다.
이는 진화 과정에서 남겨진 생리적 메커니즘이기도 하다.

"왜 이런 작용이 일어나는 걸까? 진화 메커니즘상 우리는 '위험할' 때 싸우든 도망치든 오직 한 가지만 하도록 설계되어 있기 때문이다.

이런 절체절명의 상황에서는 말도 생각도 필요 없다. 필요한 것은 오직 에너지 공급뿐이다."[4]

코르티솔 수치는 스트레스 상황이 끝나면 자연스럽게 떨어진다.
하지만 여러 이유로 코르티솔 과잉 상태가 장기간 지속되면,
해마의 뉴런이 파괴되고 부피가 줄어든다.
해마는 코르티솔 분비를 제어하는 역할도 하는데,
과한 만성 스트레스는 이 시스템도 망가뜨린다.

그렇다면 운동은 코르티솔 수치에 어떻게 영향을 미칠까?
의사이자 〈뇌는 달리고 싶다〉의 저자 안데르스 한센Anders Hansen은
자신의 저서에 이렇게 설명한다.
달리거나 자전거를 타는 동안에는 오히려 코르티솔 수치가 올라가는데,
이는 신체 활동을 수행하기 위한 정상적인 반응이다.

운동이 끝나면 코르티솔 수치가 떨어진다. 여기까지는 당연한 이야기다.
당연하지 않은 것은 달리기를 한 뒤에는 달리기를 하기 전보다
더 낮은 수치로 떨어진다는 것이다. 놀랍지 않은가?
더욱 놀라운 것은 규칙적으로 달리기를 하면 코르티솔 상승 폭이 점점 줄고,
달리기가 끝난 다음 코르티솔 하락 폭은 점점 커진다는 것이다.
하지만 진짜 하이라이트는 그다음이다.

"규칙적으로 운동하면 운동이 아닌 다른 이유로 발생한 스트레스에 대해서도 코르티솔 수치 상승 폭이 점점 줄어"[5]듭니다.

스톡홀름 카롤린스카대학 연구소는 쥐 유전자를 조작해 근육 쥐를 만들어냈다.
연구자들은 눈이 부실 정도로 밝은 불빛을 비추거나
갑작스러운 소음 등으로 쥐에게 스트레스를 주었다.
예상대로 보통 쥐들은 우울증에 걸렸지만,
흥미롭게도 근육 쥐들은 우울증에 걸리지 않았다.

굳이 이유를 설명하면 근육 속 특수 단백질에서 생산된 KAT라는 효소가 스트레스 대사산물인 키뉴레닌Kynurenine을 뇌로 들어가지 못하도록 막았기 때문이라고 한다.

한편 뉴사우스웨일즈대학교 사뮤엘 하비Samuel Harvey는
건강한 성인 33,908명을 무려 11년 동안 추적 관찰하며,
운동이 우울증 예방에 효과가 있는지 알아보았다.
결론은 뭐였을까?

그들은 "걷기와 사이클링처럼 매일 일상적으로 할 수 있는 운동량의 증가를
장려하고 쉽게 접근하도록 만드는 것이 가장 효과적인 공공보건정책이다"
라고 말하며, 운동의 강도는 중요하지 않다고 결론지었다.[6]

이 외에도 운동과 기분, 감정, 우울증, 스트레스, 각종 정신 건강 관계를 연구한
수많은 논문을 종합하면 이렇게 말할 수 있다.
이들의 상관관계가 아주 뚜렷하게 완전히 밝혀진 것은 아니지만,
아무튼 무슨 운동을 하든 몸을 움직이면 우리 기분과 정신에 긍정적인 영향을 준다.
대충 2400년 전 의학의 아버지 히포크라테스도 이렇게 말하지 않았던가.

히포크라테스
Hippocrates

"기분이 좋지 않으면
산책을 가라.
그래도 여전히
기분이 좋지 않으면
다시 산책을 가라."[7]

신체 활동과 움직이는 방식은 사고와 유기적으로 연관되어 있으며
운동은 기억력, 주의력, 집중력, 창의력 그리고 인지 기능을 향상시킨다.
"심리학자들은 움직이는 방향이 생각에 영향을 미친다는 점을 발견했다.
앞으로 나아가는 움직임은 미래에 관한 생각을 고취하는 반면,
뒤로 가는 움직임은 과거의 기억을 되살린다."[8]

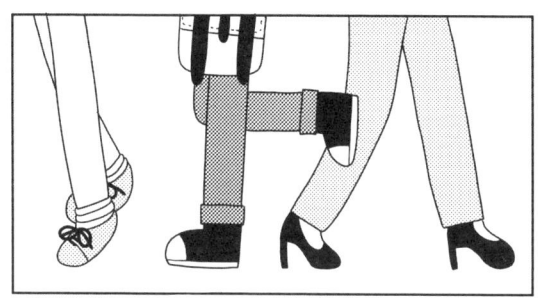

※ 또한 우울증은 걸음걸이에도 영향을 주는데, 흥미롭게도
걸음걸이를 바꾸면 사고 내용이 바뀐다는 연구도 있다.

뇌는 움직임에 비례해서 뇌 용량을 늘리도록 디자인되어 있다.
그렇다면 온종일 의자 위에서 나무늘보처럼 생활하는 내 뇌는 어떤 상태일까?
운동은 전혀 하지 않음에도 지적이면서 똑똑한 사람도 있는 것을 보면
그래도 희망이 있지 않을까?

그렇다면 당장 헬스장에 등록하고, 근처 운동 클럽에 가입해야 할까?
뇌과학자들의 주장은 뇌를 위해 마라톤을 완주하고
복근에 식스팩을 새기라는 것이 아니다.
가만히 앉아있는 것보다 일어서서 움직이는 것이 뇌에 이롭다는 것이다.
심리학자인 데이비드 로젠바움David Rosen-baum은
스트룹 테스트*를 이용하여, 앉아있을 때보다 단지 서있기만 해도
테스트의 결과가 더 좋아진다는 것을 발견했다.

보라	파랑	검정	파랑
검정	분홍	초록	빨강
노랑	초록	빨강	보라

* 심리학자 존 리들리 스트룹John Ridley Stroop이 고안한 인지 조절 테스트.
보이는 그대로 글자를 읽는 게 아니라, 글자의 색깔 이름을 말해야 한다.

"장시간 크게 움직이지 않더라도
그저 규칙적인 간격으로
일어서는 행위를 반복함으로써
인지적 활성화를 일으켜 보다
많은 신경인지적 자원을 활성화해
뇌의 상태에 변화를 가져온다." 9

그럼 책도
서서 읽는 게
더 좋겠구나.

더블린트리니티대학교 뇌연구 교수 셰인 오마라Shane O'Mara는
자신의 저서 <걷기의 세계>에 무시무시한 문장을 남겼다.
"앉아있는 것은 오늘날의 흡연과 같다."
근육은 사용하지 않으면 퇴화한다.
뇌도 마찬가지다.

운동은 건강에 좋다.
이 단순한 명제만큼 섬뜩한 삶의 진리는 없다.
우리는 지금까지 운동이 몸에 좋다는 이야기를 지겹도록 들었다.
하지만 앞으로는 운동이 뇌에 좋다는 이야기도 지겹게 들을 것이다.

나는 언제까지 살 수 있을까?
인류 역사 전체를 통틀어서 놓고 보면 인간의 기대수명은 대충 30세에 불과했다.
하지만 현대 공중 보건과 의학 기술은 인류의 수명을 길게 늘려놓았고,
앞으로도 점점 더 길게 늘릴 것이다.

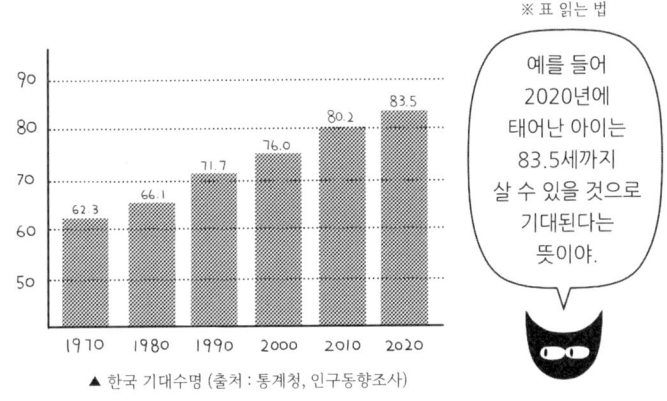

▲ 한국 기대수명 (출처 : 통계청, 인구동향조사)

돌이켜 보면 10대의 나는 20대의 나를 생각하지 못했고,
20대의 나는 30대의 나를 그려보지 못했다. 만약 과거의 내가
미래의 나에게 일어날 생물학적 변화를 구체적으로 알고 있었다면,
지금 내 삶도 뭔가 달라졌을까?

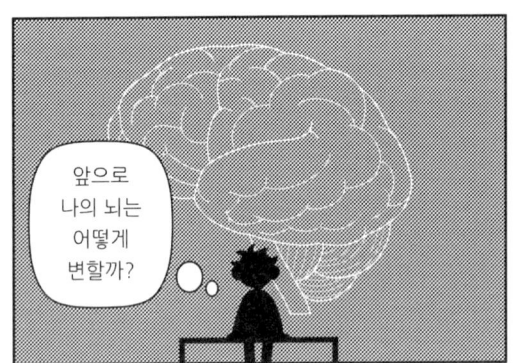

늙어감에 따라 신체 기능은 확실히 퇴화한다.
마찬가지로 뇌 기능도 분명히 쇠퇴한다.
뉴런의 수상돌기가 줄어들고, 뇌 가소성도 떨어지며, 심지어 뇌 일부는 부피가 수축된다.
따라서 생각의 속도도 느려지고, 새로운 것을 배우는 데 힘이 들며, 집중력도 약해진다.

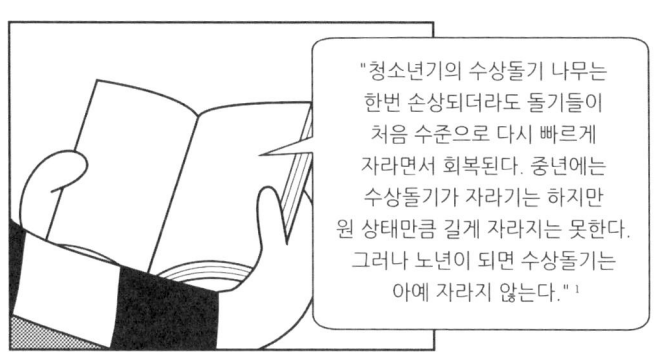

"청소년기의 수상돌기 나무는 한번 손상되더라도 돌기들이 처음 수준으로 다시 빠르게 자라면서 회복된다. 중년에는 수상돌기가 자라기는 하지만 원 상태만큼 길게 자라지는 못한다. 그러나 노년이 되면 수상돌기는 아예 자라지 않는다." [1]

※ 앞 장에서 말했듯이 수상돌기는 다른 뉴런의
신호를 받아들이는 안테나 역할을 한다.

뇌가 언제부터 어느 정도로 수축하는지는 자료마다 조금씩 다르다.
25세부터라고도 하고 40세 또는 50세부터라고도 하는데,
아무튼 매년 0.2~1%씩 줄어든다고 한다.
중요한 것은 건강한 노인 뇌도 부피가 작아지며,
70세를 넘으면 더욱 빠르게 줄어든다는 사실이다.

노년의 뇌에서 발견할 수 있는 한 가지 독특한 특징은
노인의 반구 비대칭성 감소Hemispheric Asymmetry Reduction in Older Adults
라고 불리는 현상이다. 간단히 설명하면 양쪽 뇌 반구 모두 사용하는 경향을 말한다.

보통 젊은 사람은 기억을 떠올리거나 시각적 인지를 할 때
한쪽 반구만 사용하는 경우가 많다. 그러나 같은 상황일지라도
노인의 경우는 뇌 활동이 늦고 양쪽 뇌 모두가 활성화된다는 것이다.
이런 현상은 왜 나타나는 것일까?
다양한 견해가 있지만, 일반적으로 이렇게 해석한다.

젊은 사람은 어려운 문제를 풀 때 양반구를 사용하지만,
노인은 비교적 쉬운 문제를 풀 때도 양반구가 활성화된다.
흥미로운 것은 과제를 수행할 때 몸이 튼튼한 노인일수록
젊은 뇌처럼 한쪽 뇌에서만 활성화가 일어나고,
같은 연령대 노인들보다 성적도 좋다는 사실이다.

나이가 들면 뇌의 여러 기능이 감소하지만,
보통 가장 뚜렷하게 체감하는 것은 기억력 감퇴다.
이는 연령이 증가할수록 해마와 전두엽이 쪼그라들기 때문이다.
또한 연령 증가는 치매의 일종인 알츠하이머병의
가장 큰 위험 요인이기도 하다.

노화로 인한 치매는 두렵지만, 희망적인 연구도 있다.
노화 연구자 데이비드 스노든David Snowdon은 1986년부터,
그리고 러시대학 데이비드 베넷David Bennett은 1994년부터
각각 수도원 성직자를 대상으로 비슷한 연구를 했다.

스노든의 조사에 따르면 수도원 수녀들은
일반인들보다 치매에 걸린 비율이 훨씬 낮았다.
처음에 연구팀은 건강하고 규칙적인 생활 방식 덕분에
수녀들에게 알츠하이머 반점이 덜 생긴 것이리라 추측했다.

수녀들 뇌를 검사한 연구자들은 예상 밖 결과에 깜짝 놀랐다.
수녀들 뇌에는 알츠하이머병 징후가 거의 없으리라 생각했는데, 그렇지 않았던 것이다.
심지어 알츠하이머병으로 뇌 조직이 심하게 손상되었음에도 불구하고,
치매에 걸리지 않은 경우도 있었다.

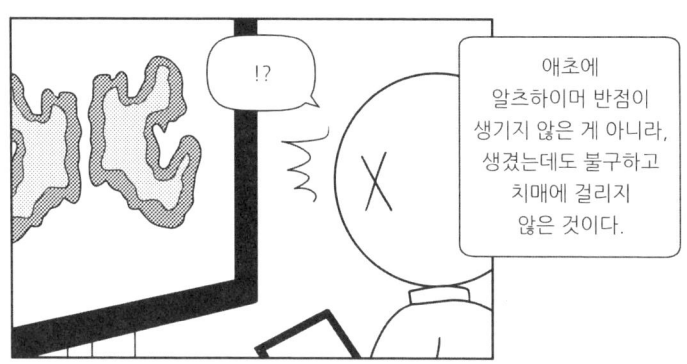

베넷은 독서, 새로운 학습, 사회적 교류, 활발한 신체 활동 등이
인지 능력 상실 여부를 결정하는 중요한 요소라고 이야기한다.
"신경조직이 병들었지만 인지적 증상이 없는 피험자들은 이른바
'인지 유지력cognitive reserve'을 개발했다.
뇌 조직의 일부 구역들이 퇴화하는 동안, 다른 구역들이 잘 훈련되어
퇴화한 구역들의 기능을 벌충하거나 넘겨받은 것이다."[2]

특히 운동은 노화로부터 뇌를 지키는 가장 훌륭한 보호 수단이다.
꾸준한 운동은 전두엽 수축을 막아주기도 한다.
심지어 해마의 경우 수축을 막는 걸 넘어 오히려 더 크게 만들어준다!
관련 연구도 수두룩하다. 매일 걸으면 치매 발생 위험이 40%나 줄어든다는 연구도 있고
운동을 많이 한 늙은 쥐들은 뇌 속 노인성 반점이 축소되었다는 연구 결과도 있다.

자연은 우리가 나이를 먹으면 뇌 기능을 빼앗아 가지만,
약간 미안한지 그에 대한 보상도 주는 듯하다.
먼저 기억에 관해 이야기해 보자.
늙으면 일반적인 기억력은 떨어지지만, 세상에 관한 일반적인 지식,
즉 의미 기억이라고 부르는 기억은 노화의 영향을 덜 받으며
오히려 젊은 사람보다 뛰어난 경우가 많다고 한다.

노화로 모든 인지 기능이 추락하는 것은 아니라는 이야기다.
심리학에서 결정적 지능 crystallized intelligence이라는 개념이 있다.
결정적 지능을 거칠게 정리하면 교육이나 경험을 통해 축적된 지식이나 능력이다.
일반적으로 결정적 지능은 나이가 들수록 향상된다고 알려져 있다.

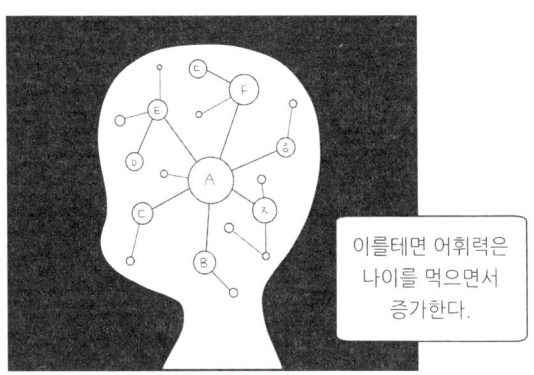

이를테면 어휘력은 나이를 먹으면서 증가한다.

펜실베이니아주립대학 심리학자 셰리 윌리스 Sherry Willis가
남편과 함께 40년 넘게 연구한 실험 결과도 놀랍다.
윌리스는 다양한 연령대를 대상으로 지각 속도, 계산 능력, 어휘, 언어 기억,
귀납적 추리, 공간 정향 등 다양한 항목에 대한 능력을 7년마다 측정했다.

"그 결과 놀랍게도 계산 능력과 지각 속도를 제외한 네 가지 항목 분야에서 가장 우수한 성적을 거둔 나이는 평균적으로 40세에서 65세 사이의 사람들이었다."[4]

20~30대가 아니라?

영국 과학자 한나 크리츨로우는 말한다. "인간의 뇌는 지혜를 만들어낸다.
성인, 특히 노인들이 이용할 수 있는 경험과 기억을 축적하도록 만들어져 있다."[5]
또한 인지심리학자 김경일은 인간이 60살은 되어야 가질 수 있는 판단 능력이 있으며,
예를 들어 피크 엔드 법칙peak-end rule*에서 벗어날 수 있다고 말하기도 했다.

대니얼 카너먼
Daniel Kahneman

* 피크 엔드 법칙은 노벨경제학상을 수상한 심리학의 거장
대니얼 카너먼Daniel Kahneman이 주장한 법칙으로,
어떤 경험에 관한 인상은 가장 인상 깊게 느낀 감정과
가장 마지막에 느낀 감정의 평균으로 결정된다는 이론이다.

하지만 왜 어떤 사람은 늙어서 지혜로운 노인이 되고,
왜 일부 사람은 꼬장꼬장하고 편협한 꼰대가 되는 걸까?
크리츨로우 박사는 이 의문을 풀고자
뇌 노화 전문가 로지어 키빗Rogier Kievit에게 의견을 구했다.

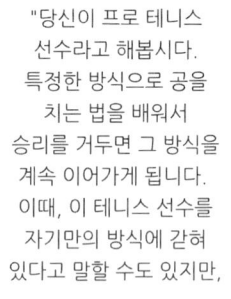

"당신이 프로 테니스 선수라고 해봅시다. 특정한 방식으로 공을 치는 법을 배워서 승리를 거두면 그 방식을 계속 이어가게 됩니다. 이때, 이 테니스 선수를 자기만의 방식에 갇혀 있다고 말할 수도 있지만,

로지어 키빗
Rogier Kievit

전문성을 축적함으로써 기술을 연마하여 거의 아무런 노력을 들이지 않고도 놀라운 정도로 수준 높은 경기를 할 수 있는 경지에 이르렀다고도 말할 수 있죠."[6]

더 좋은 소식은 나이가 든 뇌는 젊은 사람들에 비해 정서적으로
훨씬 안정되어 있다는 사실이다. 왜 그럴까?
과학자들의 연구에 따르면 나이가 들면 부정적 정보에 덜 예민해지며,
부정적 자극보다 긍정적 자극에 더 주의를 기울이기 때문이라고 한다.
이는 '긍정성 효과'라고도 부른다.

추가로 도파민 시스템이 약해지기 때문에 감정에 휩싸여서 충동적으로 행동하는 일도 줄어든다.

그래서일까?
나이와 행복에 관한 여러 연구는 나이가 들수록 행복해진다고 말한다.
관련해서 다트머스대학 에밋 바타차지Amit Bhattacharjee 교수와
와튼 스쿨 캐시 모길너Cassie Mogilner 교수의 연구도 흥미롭다.

"해외여행이나 결혼 등 특별한 경험에 대해서는 젊은 사람들과 나이 든 사람들이 행복감을 느끼는 수준이 비슷했다. 하지만 좋은 영화를 보거나 배우자와 커피를 마시는 등 일상에서의 소소한 즐거움에 대해서는 나이 든 사람들이 느끼는 행복감이 젊은 사람들에 비해 훨씬 크게 나타났다."[7]

노화 연구소 소장 딜립 제스트Dilip Jeste는 이에 대한 이유를 이렇게 설명한다. "사람은 나이가 들면서 '인지 능력이 감퇴하고 신체적 건강도 나빠지지만 삶의 만족도와 행복감은 커진다'라는 것이다. '이는 삶에서 정말로 중요한 게 무엇인지에 대한 지혜가 생겨난 덕분'으로도 볼 수 있다."⁸

나도 내 인생에 끝이 있다는 사실을 이해한다. 하지만 그것은 아주아주 멀리 있는 불투명한 마침표처럼 희미하게 느껴질 뿐이다. 지금 내가 투명하게 인식하는 것은 통장 잔고나 다음 원고에 관한 문제 같은 일 따위다.

이러한 가치 우선순위는 나이를 먹으면서 달라진다고 한다.
이에 관해 인간 두뇌 발달 및 정신 장애를 연구하는 응용심리학자이자
발달분자생물학자인 존 메디나John Medina 교수는 이렇게 말한다.

이것이야말로 현명한 노인들이
삶의 끝자락에서 깨달은 공통된 삶의 지혜일까?
인생에서 진짜 중요한 것은 사랑하는 사람들과
시간을 공유하며 친밀한 관계를 유지하는 것?

일찍이 아리스토텔레스도
인간은 사회적(정치적) 동물이라고 말했다.
이는 뇌과학적으로도 타당한 이야기처럼 들린다.
뇌가 신체와 연결된 것처럼 나의 뇌는
타인의 뇌와 정성스럽게 이어져 있기 때문이다.

에필로그

나, 너 그리고 우리

나는 독립적인 기질이 강하고, 그리 외로움도 느끼지 않으며,
혼자 노는 것을 좋아한다. 그래서일까?
언젠가 소설가 제롬 데이비드 샐린저의 삶을
막연하게 동경한 적도 있었다.

누군가의 말마따나 창작이 자기 내면을 골똘히 들여다보는 작업이라면,
속세와 거리를 두고 자기 세계에서 자신에게 집중하는 인생이야말로
이상적인 예술가의 삶이라고 생각했다. 더 좋은 사람이 되고,
보다 나은 창작을 하기 위해서는 무엇보다 자신에게
집중할 수 있는 시간이 필요하다고 생각했다.

그런데 우리는 홀로 살 수 없는 존재이며, 인간은 더불어 살도록 진화해 왔다.
게다가 나를 좀 더 잘 이해하기 위해 읽기 시작한 뇌과학이
귀띔해 준 가장 인상적인 힌트는 이것이었다.
"우리 각자의 절반은 타인들이다." [1]

인간은 지구에서 가장 거대하고 제일 복잡한 사회 네트워크를 가졌다.
호모 사피엔스보다 사회성이 발달한 종은 없다.
인간이 생태계 최상위 포식자로 군림하며
감히 만물의 영장을 자처할 수 있었던 까닭도
강력한 사회성을 바탕으로 협력할 수 있는 능력 때문이었다.

인간의 웅장한 사회성은 우리 뇌에 깊숙이 저장된 디폴트 프로그램이다.
신경과학자 나오미 아이젠버거Naomi Eisenberger는 피험자에게
다른 두 플레이어와 공을 주고받는 단순한 컴퓨터 게임을
시켰다. 처음에는 서로 공을 주고받았지만, 나중에는 피험자를
따돌리고 다른 두 플레이어끼리만 공을 주고받았다.

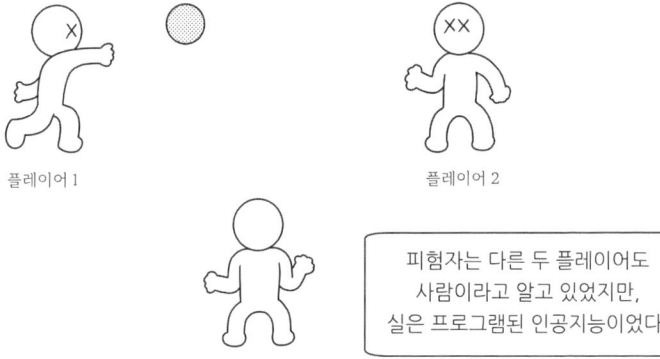

시시한 컴퓨터 캐치볼 게임에서 단지 공을 받지 못했을 뿐임에도,
피험자에게는 의미심장한 반응이 나타났다. 놀랍게도
피험자 뇌에서 신체적 통증을 느낄 때 발화하는 영역이 활성화된 것이다.
"따돌림의 아픔이 뇌 회로에 새겨진 이유는 무엇일까?
이는 아마도 사회적 연대와 결속을 강려하려는
자연진화적 장치가 아닐까 과학자들은 추측한다."³

우리는 우리 자신에게 일어난 일뿐 아니라
다른 사람에게 일어난 일에도 감정을 이입해서 희로애락을 느낀다.
낯선 사람에게 감정적 동화가 일어나도록 진화되었기에,
드라마나 영화에서 주인공이 당한 일을 내 일처럼 느낄 줄도 안다.

▲ 카이스트 바이오 및 뇌공학과 박사

심지어 쥐나 돼지 같은 포유류뿐만 아니라
큰까마귀와 같은 조류도 서로의 감정을 전염시키고 공감한다.
그렇다면 공감은 어떻게 일어나는 것일까?
아마 '거울뉴런mirror neuron'에 대해서는 어디선가
읽거나 들어본 적이 있을지도 모르겠다.

거울뉴런은 1990년대에 이탈리아 파르마대학 신경과학자
자코모 리촐라티Giacomo Rizzolatti 연구팀이 원숭이 행동과
뇌의 관계를 조사하다가 우연히 발견했다.
한 연구자가 원숭이가 보고 있는 가운데 음식을 먹었는데,
원숭이 뇌에서 자기가 직접 음식을 먹을 때 활성화되는 뉴런이 반응한 것이다.

▲ 연구팀은 이때 반응한 뉴런들은 다른 대상을 관찰할 때
거울처럼 발화하기에 거울뉴런이라는 이름을 붙였다.

세계적인 신경과학자 라마찬드란은 거울뉴런이 최근 10년간 나온
가장 중요한 이야기이며, 거울뉴런의 발견으로 공감, 모방, 언어 진화의
수수께끼를 이해할 수 있는 토대를 갖추게 되었다고 평가하기도 했다.

▲ 하지만 이후 인간에게 거울뉴런을 찾으려는 수백 건의
연구에서 혼란스러운 결과가 나오는 바람에 거울뉴런의
존재와 기능에 대해서는 지금도 의견이 엇갈린다.

인간의 공감 능력은 타인 행동을 무의식적으로 모방하는
'미러링Mirroring'을 통해 설명하기도 한다.
예를 들면 우리 뇌는 다른 사람 얼굴을 볼 때
타인의 표정을 무의식적으로 미세하게 흉내 낸다.
우리는 왜 상대의 표정을 따라 하는 걸까?

만화가는 자기도 모르는 사이에 그리고 있는 캐릭터의 표정을 따라 하기도 하지.

한 실험에서 보톡스 사용자 그룹과 보톡스를 사용하지 않는 그룹을
비교하여 사진 속 표정의 의미를 알아맞히는 실험을 했다.
그런데 보톡스 사용자 그룹은 표정의 의미를 알아맞히는 비율이 낮았다.
얼굴에 보톡스를 주사하면 주름은 개선되지만, 근육이 마비되기 때문이다.

"설명은 이렇다.
타인의 표정을 흉내 내는
얼굴 근육의 동작 능력이
인위적으로 훼손된 결과,
남의 감정을 읽고 공감하는
'표정의 피드백' 능력이
떨어진 것이라고."[5]

인간에게는 타인의 관점이나 생각, 감정을 상상하고 이해할 수 있는 능력이 있다.
심리학에서는 이를 마음이론theory of mind이라고 부르는데,
보통 대략 네 살부터 타인의 마음을 시뮬레이션해서
상대의 생각을 추론할 수 있다고 한다.

▲ 샐리가 바구니에 공을 넣고 자리를 비운 사이 앤이 공을 상자에 옮긴다.
다시 돌아온 샐리는 공을 찾기 위해 어디를 살펴볼까? 네 살 미만의 아이들은
상자라고 대답하고 네 살이 넘은 아이들은 바구니라고 대답한다.

심지어 한 살 미만 아기가 사회적 판단을 한다는 실험도 있다.
아기에게 오리 인형 한 마리와 곰 인형 두 마리가 등장하는
간단한 인형극을 보여준다. 한 곰은 오리를 도와주는 착한 역할을 맡고,
나머지 한 곰은 오리를 괴롭히는 나쁜 역할을 맡는다.
인형극을 보여준 뒤 아기에게 두 마리의 곰 중 한 마리를 고르라고 하면,
거의 대부분의 아기가 착한 곰을 선택한다.

뇌는 타인과 이어져 있다고 느낄 때 가장 건강하며,
사회적 상호작용은 인간의 생존과 안녕에 많은 이점을 선물한다.
나와 너, 그리고 우리는 서로의 뇌 배선과 신경전달물질의 활동에 영향을 끼친다.
어느 연구에 따르면 내가 아플 때 사랑하는 사람이
그저 손을 잡아주는 것만으로도 통증이 경감될 수 있다고 한다.

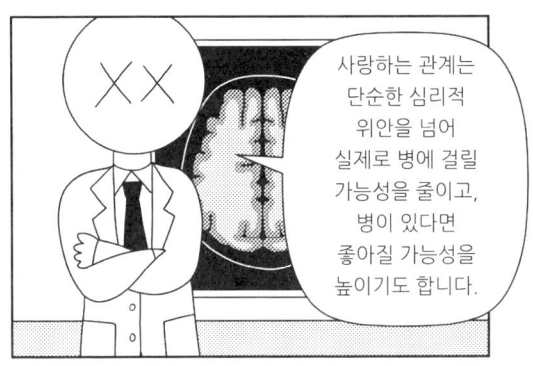

그뿐만 아니라 그저 사랑하는 사람을 떠올리는 것만으로도 통증이 줄어든 경우도 있다.
"대화와 신체 접촉이, 심지어 그저 사람들 속에 있는 것이 스트레스,
통증, 불안, 우울 증상을 줄이고 차분함과 행복감을 높여준다." [6]
놀라운 것은 모르는 사람과의 상호작용을 통해서도
마찬가지 효과가 나타난다는 것이다.

이런 연구는 다양하다. 인간은 신뢰하는 동료나
상사와 함께 일할 때 업무 능력이 향상된다.
또한 사람들 앞에서 공적인 연설을 앞둔 사람들이
연설 전 친구와 시간을 보냈더니 스트레스 수준이
감소하고 차분해졌다는 보고도 있다.

심지어 소외감을 느낀 후, SNS에서 응원의 댓글이나 메시지만 받아도 사람들 기분은 나아진다.

우리는 누군가의 따뜻한 말 한마디에 치유되기도 하고,
불쾌한 말 한마디에 마음을 다치기도 한다.
게다가 이미 이 세상에 없는 사람들이 남긴 말에서도 영향을 받는다.
예전 영화나 오래된 책을 보고 울거나 웃었던
경험은 누구에게나 있지 않을까?

"다른 사람의 말은 당신의 뇌 활동과 신체 계통에 직접 영향을 끼치고, 당신의 말 역시 타인들에게 똑같은 영향을 끼친다.

그 효과를 의도했든 의도하지 않았든 관계없이 말이다. 그것이 우리가 연결된 방식이다."[7]

우리 삶은 거의 대부분 사회적인 맥락에서 이루어진다.
혼자 사는 사람도 다른 사람이 생산한 음식, 다른 사람이
가져다주는 택배, 다른 사람이 만든 물건을 이용해야 한다.
혼자 있어도 다른 사람 SNS를 기웃거리고, 다른 사람이 쓴 책을 읽고,
다른 사람이 만든 영상을 본다면 넓은 의미에서 사회적인 활동을 하는 것이다.

▲ 뇌과학자, 예일대 신경과학과 석좌교수.

인간은 진화 과정에서 무리를 짓고 서로 협력하며 살아가기로 선택했다.
이기적으로 서로 협력하지 않고 행동하는 집단과
이타적으로 서로 도우며 협동하는 집단 중 어느 쪽이 더 생존에 유리했을까?
우울증 전문가이자 신경과학자 앨릭스 코브Alex Korb는
다른 사람을 돕는 것은 자기 자신을 돕는 아주 좋은 방법이라고 지적한다.

뇌과학자 리사 펠드먼 배럿은 자신의 저서에 이렇게 적었다.
"신경계에 가장 좋은 것은 다른 사람이다."
다만 반전도 있다.

그동안 나는 내가 타인에게 끼치는 영향과
타인이 나에게 미치는 영향에 대해 시큰둥했다.
개체 각각의 안녕, 복지, 발전, 행복을 위해서 나는 나대로
너는 너대로 각자 노력해야 한다고 생각했다.
하지만 뇌과학을 읽으며 간곡하게 깨달은 점이 있다면,
그것은 우리 모두가 서로의 환경이라는 진실이다.

우리는 모두 주변과 분리된 별개의 주체가 아니라
유기적으로 연결된 커다란 세상의 일부라는 이론이 있다.
만약 그렇다면 이 책을 읽는 당신은 나와 실제로 연결되어 있을 것이고,
우리는 현실적으로 서로에게 미미하거나 거대한 영향을 끼칠 것이다.

우리는 뇌라는 우주에서 살고 있는 하나의 뉴런과 같다.
우리는 신호를 받고, 신호를 전달한다.
나는 신호를 받았고, 신호를 전달했다.
우리의 시냅스가 제대로 연결되었는지 궁금하다.

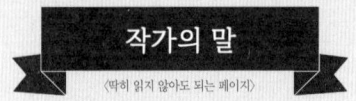

〈딱히 읽지 않아도 되는 페이지〉

작가의 말에는 무슨 이야기를 하면 좋을까?
뻔한 소리부터 하자면,
당신이 이 책을 통해 다른 뇌과학 책도 찾게 되었으면 좋겠다.

되도록 뻔한 소리는 하고 싶지 않지만, 뻔한 소리도 필요할 때가 있는 것 같아.

이 만화는 수십 권의 뇌과학 책을 짜깁기한 것에 불과하다.
압축하고 요약하는 과정에서 잘려 나간
다른 흥미로운 이야기들을 직접 찾아 읽어보면,
뇌과학의 매력에 더욱 깊이 빠질 수 있을 것이다.

하지만 아무리 맛있는 음식이라도 두 번 연달아 먹으면 물리듯,
뇌과학이 아무리 흥미롭더라도 두 권 연이어 읽는 것은
내키지 않을 수도 있지 않을까?
그렇기 때문에 다소 뻔뻔한 소리를 하자면, 당신이 이 만화로 인해
〈지적 허영을 위한 퇴근길 철학툰〉도 읽게 되었으면 좋겠다

작가의 말에 광고라니.
보통 이런 책의 마지막에는 이런저런 감사의 말을 전하거나
그런저런 개인적인 이야기를 늘어놓기도 하니까,
부디 나의 실없는 소리도 너그럽게 넘겨주셨으면 좋겠다.

마지막으로 독자 여러분의 너그러움에 감사 인사를 전하며,
이만 총총.

01 프롤로그

1. 미치오 카쿠 지음, 박병철 옮김, 《마음의 미래》, 김영사, 2015, p32
2. 에릭 켄델 지음, 이한음 옮김, 《마음의 오류들》, RHK, 2020, p13
3. 김대식 지음, 《내 머릿속에선 무슨 일이 벌어지고 있을까》, 문학동네, 2014, p134
4. 이대열 지음, 《지능의 탄생》, 바다출판사, 2017, p267

02 뇌에 대한 오해

1. 매튜 코브 지음, 이한나 옮김, 《뇌 과학의 모든 역사》, 심심, 2021, p44
2. 같은 책, p51
3. 같은 책, p450
4. 같은 책, p129
5. 같은 책, p452
6. 같은 책, p471

03 시작

1. 데이비드 이글먼 지음, 전대호 옮김, 《더브레인》, 해나무, 2017, p16
2. 리사 펠드먼 배럿 지음, 변지영 옮김, 《이토록 뜻밖의 뇌과학》, 더퀘스트, 2021, p95(의 문장을 다듬었음)

04 청소년

1. 에릭 와이너 지음, 김하현 옮김,《소크라테스 익스프레스》, 어크로스, 2021, p60
2. 아리스토텔레스 지음, 천병희 옮김,《수사학/시학》, 숲, 2019, p172
3. 프랜시스 젠슨·에이미 엘리스 넛 지음, 김성훈 옮김,《10대의 뇌》, 웅진지식하우스, 2018, p35
4. 한나 크리츨로우 지음, 김성훈 옮김,《운명의 과학》, 브론스테인, 2020, p67
5. 빌 브라이슨 지음, 이한음 옮김,《바디: 우리 몸 안내서》, 까치, 2020, p94
6. 데이비드 이글먼 지음, 전대호 옮김,《더브레인》, 해나무, 2017, p27-28

05 가소성

1. 모헤브 코스탄디 지음, 조은영 옮김,《신경가소성》, 김영사, 2021, p17
2. 같은 책, p90
3. 같은 책, p28
4. 송민령 지음,《송민령의 뇌과학 연구소》, 동아시아, 2018, p30

06 학습

1. 이대열 지음,《지능의 탄생》, 바다출판사, 2017, p187
2. 프랜시스 젠슨·에이미 엘레스 넛 지음, 김성훈 옮김,《10대의 뇌》, 웅진지식하우스, 2018, p109
3. 데이비드 이글먼 지음, 전대호 옮김,《더 브레인》, 해나무, 2017, p119
4. 김대수 지음,《뇌 과학이 인생에 필요한 순간》, 브라이트, 2021, p42
5. 개리 마커스 지음, 김혜림 옮김,《나이에 상관없이 악기를 배울 수 있는 뇌과학의 비밀》, 니케북스, 2018, p33-34
6. 프랜시스 젠슨·에이미 엘레스 넛 지음, 김성훈 옮김,《10대의 뇌》, 웅진지식하우스, 2018, p105

07 언어

1. 라훌 잔디얼 지음, 이한이 옮김,《내가 처음 뇌를 열었을 때》, 월북, 2020, p60

2. 알베르트 코스타 지음, 김유경 옮김,《언어의 뇌과학》, 현대지성, 2020, p197

08 기억 I

1. 미치오 카쿠 지음, 박병철 옮김,《마음의 미래》, 김영사, 2015, p172
2. 모헤브 코스탄디 지음, 박인용 옮김,《일상적이지만 절대적인 뇌과학지식 50》, 반니, 2016, p74-75
3. 데이비드 이글먼 지음, 전대호 옮김,《더브레인》, 해나무, 2017, p38

09 기억 II

1. 아닐 아난타스와미 지음, 변지영 옮김,《나는 죽었다고 말하는 남자》, 더퀘스트, 2017, p57
2. 양은우 지음,《처음 만나는 뇌과학 이야기》, 카시오페아, 2016, p26-27
3. https://www.ted.com/talks/elizabeth_loftus_how_reliable_is_your_memory
4. 올리버 색스 지음, 양병찬 옮김《의식의 강》[E-book], 알마, 2018
5. 미치오 카쿠 지음, 박병철 옮김,《마음의 미래》, 김영사, 2015, p183
6. 아닐 아난타스와미 지음, 변지영 옮김,《나는 죽었다고 말하는 남자》, 더퀘스트, 2017, p55
7. 같은 책, p84

10 시각

1. 샌드라 아모트·샘 왕 지음, 박혜원 옮김,《똑똑한 뇌 사용설명서》, 살림Biz, 2009, p78
2. 데이비드 이글먼 지음, 전대호 옮김,《더브레인》, 해나무, 2017, p77
3. 안승철 지음,《만화로 미리보는 의대 신경학 강의》, 뿌리와이파리, 2020, p100
4. 김대식 지음,《내 머릿속에선 무슨 일이 벌어지고 있을까》, 문학동네, 2014, p33

11 자유의지

1. 매튜 코브 지음, 이한나 옮김, 《뇌 과학의 모든 역사》, 심심, 2021, p483
2. 데이비드 이글먼 지음, 전대호 옮김, 《더브레인》, 해나무, 2017, p137
3. 매튜 코브 지음, 이한나 옮김, 《뇌 과학의 모든 역사》, 심심, 2021, p469
4. 한나 크리츨로우 지음, 김성훈 옮김, 《운명의 과학》, 브론스테인, 2020, p19
5. 리사 펠드먼 배럿 지음, 변지영 옮김, 《이토록 뜻밖의 뇌과학》, 더퀘스트, 2021, p117
6. 데이비드 이글먼 지음, 전대호 옮김, 《더브레인》, 해나무, 2017, p135
7. 샘 해리스 지음, 배현 옮김, 《자유의지는 없다》, 시공사, 2013, p24
8. 같은 책, p12
9. 브라이언 그린 지음, 박병철 옮김, 《엔드 오브 타임》, 와이즈베리, 2021, p213-214

12 통증

1. 빌 브라이슨 지음, 이한음 옮김, 《바디: 우리 몸 안내서》, 까치, 2020, p414
2. 샌드라 아모트·샘 왕 지음, 박혜원 옮김, 《똑똑한 뇌 사용설명서》, 살림Biz, 2009, p111
3. 노먼 도이지 지음, 장호연 옮김, 《스스로 치유하는 뇌》[E-book], 동아시아, 2018
4. 샌드라 아모트·샘 왕 지음, 박혜원 옮김, 《똑똑한 뇌 사용설명서》, 살림Biz, 2009, p113
5. 빌 브라이슨 지음, 이한음 옮김, 《바디: 우리 몸 안내서》, 까치, 2020, p424

13 감정

1. 송민령 지음, 《송민령의 뇌과학 이야기》, 동아시아, 2020, p95
2. 앨릭스 코브 지음, 정지인 옮김, 《우울할 땐 뇌 과학》, 심심, 2018, p72
3. 안토니오 다마지오 지음, 김린 옮김, 《데카르트의 오류》 눈출판그룹, 2017, p89
4. 조나 레너 지음, 박내선 옮김, 《뇌는 어떻게 결정하는가》[E-book], 21세기북스, 2016

5. 안토니오 다마지오 지음, 고현석 옮김, 《느끼고 아는 존재》, 흐름출판, 2021, p107
6. 딘 버넷 지음, 임수미 옮김, 《엄청나게 똑똑하고 아주 가끔 엉뚱한 뇌 이야기》, 미래의 창, 2018, p334
7. 샌드라 아모트·샘 왕 지음, 박혜원 옮김, 《똑똑한 뇌 사용설명서》, 살림Biz, 2009, p175

14 **창의력**

1. 데이비드 이글먼·앤서니 브랜트 지음, 엄성수 옮김, 《창조하는 뇌》, 쌤앤파커스, 2019, p28
2. 같은 책, p29
3. 정재승 지음, 《열두 발자국》, 어크로스, 2018, p197-198
4. 같은 책, p202
5. 데이비드 이글먼·앤서니 브랜트 지음, 엄성수 옮김, 《창조하는 뇌》, 쌤앤파커스, 2019, p51
6. 닐스 비르바우머·외르크 치틀라우 지음, 오공훈 옮김, 《머리는 비우는 뇌과학》[E-book], 메디치미디어, 2018
7. 라훌 잔디얼 지음, 이한이 옮김, 《내가 처음 뇌를 열었을 때》, 윌북, 2020, p84
8. 정재승 지음, 《열두 발자국》, 어크로스, 2018, p119
9. 데이비드 이글먼·앤서니 브랜트 지음, 엄성수 옮김, 《창조하는 뇌》, 쌤앤파커스, 2019, p43

15 **수면**

1. 데이비드 랜들 지음, 이충호 옮김, 《잠의 사생활》, 해나무, 2014, p16
2. 앨릭스 코브 지음, 정지인 옮김, 《우울할 땐 뇌 과학》, 심심, 2018, p184
3. 매슈 워커 지음, 이한음 옮김, 《우리는 왜 잠을 자야 할까》, 열린책들, 2019, p164
4. 데이비드 랜들 지음, 이충호 옮김, 《잠의 사생활》, 해나무, 2014, p147
5. 매슈 워커 지음, 이한음 옮김, 《우리는 왜 잠을 자야 할까》, 열린책들, 2019, p160
6. 데이비드 랜들 지음, 이충호 옮김, 《잠의 사생활》, 해나무, 2014, p149

7. 매슈 워커 지음, 이한음 옮김, 《우리는 왜 잠을 자야 할까》, 열린책들, 2019, p201
8. 같은 책, p212
9. 데이비드 랜들 지음, 이충호 옮김, 《잠의 사생활》, 해나무, 2014, p27

16 운동

1. 마누엘라 마케도니아 지음, 박동대 옮김, 《유쾌한 운동의 뇌과학》[E-book], 해리북스, 2020
2. 캐럴라인 윌리엄스 지음, 이영래 옮김, 《움직임의 뇌과학》[E-book], 갤리온, 2021
3. 캐럴라인 윌리엄스 지음, 이영래 옮김, 《움직임의 뇌과학》[E-book], 갤리온, 2021
4. 마누엘라 마케도니아 지음, 박동대 옮김, 《유쾌한 운동의 뇌과학》[E-book], 해리북스, 2020
5. 안데르스 한센, 김성훈 옮김, 《뇌는 달리고 싶다》[E-book], 반니, 2020
6. 셰인 오마라 지음, 구희성 옮김, 《걷기의 세계》, 미래의창, 2022, p181
7. 안데르스 한센, 김성훈 옮김, 《뇌는 달리고 싶다》[E-book], 반니, 2020
8. 캐럴라인 윌리엄스 지음, 이영래 옮김, 《움직임의 뇌과학》[E-book], 갤리온, 2021
9. 셰인 오마라 지음, 구희성 옮김, 《걷기의 세계》, 미래의창, 2022, p18

17 노화

1. 마누엘라 마케도니아 지음, 박동대 옮김, 《유쾌한 운동의 뇌과학》[E-book], 해리북스, 2020
2. 데이비드 이글먼 지음, 전대호 옮김, 《더브레인》, 해나무, 2017, p46
3. 존 메디나 지음, 서영조 옮김, 《젊어지는 두뇌 습관》[E-book], 프런티어, 2018
4. 양은우 지음, 《처음 만나는 뇌과학 이야기》, 카시오페아, 2016, p44
5. 한나 크리츨로우 지음, 김성훈 옮김, 《운명의 과학》, 브론스테인, 2020, p71
6. 같은 책, p72
7. 양은우 지음, 《처음 만나는 뇌과학 이야기》, 카시오페아, 2016, p48
8. 라훌 잔디얼 지음, 이한이 옮김, 《내가 처음 뇌를 열었을 때》, 월북, 2020,

p260
9. 존 메디나 지음, 서영조 옮김, 《젊어지는 두뇌 습관》[E-book], 프런티어, 2018

18 에필로그

1. 데이비드 이글먼 지음, 전대호 옮김, 《더브레인》, 해나무, 2017, p189
2. 리사 펠드먼 배럿 지음, 변지영 옮김, 《이토록 뜻밖의 뇌과학》, 더 퀘스트, 2021, p126
3. 노성열 지음, 《뇌 우주 탐험》, 이음, 2021, p273
4. 송민령 지음, 《송민령의 뇌과학 이야기》, 동아시아, 2020, p113
5. 노성열 지음, 《뇌 우주 탐험》, 이음, 2021, p270
6. 앨릭스 코브 지음, 정지인 옮김, 《우울할 땐 뇌 과학》, 심심, 2018, p256
7. 리사 펠드먼 배럿 지음, 변지영 옮김, 《이토록 뜻밖의 뇌과학》, 더퀘스트, 2021, p134
8. 이대열 지음, 《지능의 탄생》, 바다출판사, 2017, p256

참고문헌

개리 마커스 지음, 김혜림 옮김, 《나이에 상관없이 악기를 배울 수 있는 뇌과학의 비밀》, 니케북스, 2018
김대수 지음, 《뇌 과학이 인생에 필요한 순간》, 브라이트, 2021
김대식 지음, 《내 머릿속에선 무슨 일이 벌어지고 있을까》, 문학동네, 2014
김대식 지음, 《당신의 뇌, 미래의 뇌》, 해나무, 2019
김대식 지음, 《인간을 읽어내는 과학》, 21세기북스, 2017
노먼 도이지 지음, 장호연 옮김, 《스스로 치유하는 뇌》, 동아시아, 2018
노성열 지음, 《뇌 우주 탐험》, 이음, 2021
닐스 비르바우머·외르크 치틀라우 지음, 오공훈 옮김, 《머리는 비우는 뇌과학》 [E-book], 메디치미디어, 2018
데니스 카스 지음, 임지원 옮김, 《대체 내 머릿속에 무슨일이 일어난 걸까?》, 알마, 2010
데이비드 랜들 지음, 이충호 옮김, 《잠의 사생활》, 해나무, 2014
데이비드 이글먼 지음, 전대호 옮김, 《더브레인 》, 해나무, 2017
데이비드 이글먼·앤서니 브란트 지음, 엄성수 옮김, 《창조하는 뇌》, 쌤앤파커스, 2019
딘 버넷 지음, 임수미 옮김, 《엄청나게 똑똑하고 아주 가끔 엉뚱한 뇌 이야기》, 미래의 창, 2018
라훌 잔디얼 지음, 이한이 옮김, 《내가 처음 뇌를 열었을 때》, 윌북, 2020
리사 펠드먼 배럿 지음, 변지영 옮김, 《이토록 뜻밖의 뇌과학》, 더퀘스트, 2021
마누엘라 마케도니아 지음, 박동대 옮김, 《유쾌한 운동의 뇌과학》[E-book], 해리북스, 2020
매슈 워커 지음, 이한음 옮김, 《우리는 왜 잠을 자야 할까》, 열린책들, 2019
매튜 코브 지음, 이한나 옮김, 《뇌 과학의 모든 역사》, 심심, 2021
모헤브 코스탄디 지음, 조은영 옮김, 《신경가소성》, 김영사, 2021
모헤브 코스탄디 지음, 박인용 옮김, 《일상적이지만 절대적인 뇌과학지식 50》,

반니, 2016
미치오 카쿠 지음, 박병철 옮김,《마음의 미래》, 김영사, 2015
미하엘 마데야 지음, 장혜경 옮김,《뇌에 관한 작은 책》, 새터, 2011
브라이언 그린 지음, 박병철 옮김,《엔드 오브 타임》, 와이즈베리, 2021
빌 브라이슨 지음, 이한음 옮김,《바디: 우리 몸 안내서》, 까치, 2020
샌드라 아모트·샘 왕 지음, 박혜원 옮김,《똑똑한 뇌 사용설명서》, 살림Biz,
  2009
샘 해리스 지음, 배현 옮김,《자유의지는 없다》, 시공사, 2013
셰인 오마라 지음, 구희성 옮김,《걷기의 세계》, 미래의창, 2022
송민령 지음,《송민령의 뇌과학 연구소》, 동아시아, 2018
송민령 지음,《송민령의 뇌과학 이야기》, 동아시아, 2020
아닐 아난타스와미 지음, 변지영 옮김,《나는 죽었다고 말하는 남자》, 더퀘스트,
  2017
안데르스 한센, 김성훈 옮김,《뇌는 달리고 싶다》[E-book], 반니, 2020
안승철 지음,《만화로 미리보는 의대 신경학 강의》, 뿌리와이파리, 2020
안토니오 다마지오 지음, 고현석 옮김,《느끼고 아는 존재》, 흐름출판, 2021
안토니오 다마지오 지음, 김린 옮김,《데카르트의 오류》, 눈출판그룹, 2017
알베르트 코스타 지음, 김유경 옮김,《언어의 뇌과학》, 현대지성, 2020
에릭 켄델 지음, 이한음 옮김,《마음의 오류들》, RHK, 2020
앨릭스 코브 지음, 정지인 옮김,《우울할 땐 뇌 과학》, 심심, 2018
양은우 지음,《처음 만나는 뇌과학 이야기》, 카시오페아, 2016
올리버 색스 지음, 양병찬 옮김,《의식의 강》[E-book], 알마, 2018
이대열 지음,《지능의 탄생》, 바다출판사, 2017
인포비주얼 연구소 지음, 위정훈 옮김,《그림으로 읽는 친절한 뇌과학 이야기》,
  북피움, 2020
정재승 지음,《열두 발자국》, 어크로스, 2018
조나 레너 지음, 박내선 옮김,《뇌는 어떻게 결정하는가》[E-book], 21세기북스,
  2016
존 메디나 지음, 서영조 옮김,《젊어지는 두뇌 습관》[E-book], 프런티어, 2018
캐럴라인 윌리엄스 지음, 이영래 옮김,《움직임의 뇌과학》[E-book], 갤리온,
  2021
프랜시스 젠슨·에이미 엘리스 넛 지음, 김성훈 옮김,《10대의 뇌》, 웅진지식하우
  스, 2018
한나 크리즐로우 지음, 김성훈 옮김,《운명의 과학》, 브론스테인, 2020
EBS 아기성장보고서 제작팀 지음,《아기성장보고서》[E-book], 예담, 2009